ここはウォーターフォール市、アジャイル町

ストーリーで学ぶアジャイルな組織のつくり方

沢渡あまね＋新井剛
Amane Sawatari　Takeshi Arai

本書の構成

本書はストーリー（物語）形式のページと、具体的なノウハウを解説したページに分かれています。現場のリアルなストーリーでイメージをつかみながら、ぜひアジャイルに挑戦してみましょう。

ストーリー（物語）のページ

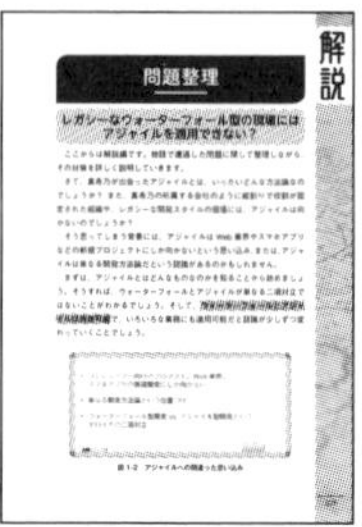

解説

問題整理

レガシーなウォーターフォール型の現場にはアジャイルを適用できない？

解説のページ

読者特典「キャラクター設定資料」プレゼント！

本書に登場するキャラクターたちの設定＆ラフ画をまとめた「キャラクター設定資料」（PDF形式）をダウンロードできます。意外な？裏設定もありますので、ぜひご入手ください。

illust：石野人衣

翔泳社『ここはウォーターフォール市、アジャイル町』
特典ダウンロードページ

https://www.shoeisha.co.jp/book/present/9784798165387

※「翔泳社の本」のホームページから、書名の一部を入力して検索することもできます。

※読者特典を入手するには、無料の会員登録が必要です。画面にしたがって必要事項を入力してください。すでに翔泳社の会員登録がお済みの方（SHOEISHA iD をお持ちの方）は、新規登録は不要です。

※会員特典データのファイルは圧縮されています。ダウンロードしたファイルをダブルクリックすると、ファイルが解凍され、利用いただけます。

※会員特典データに関する権利はイラストレーター、デザイナー、著者、および株式会社翔泳社が所有しています。許可なく配布したり、Web サイトに転載することはできません。

※会員特典データの提供は予告なく終了することがあります。あらかじめご了承ください。

c o n t e n t s

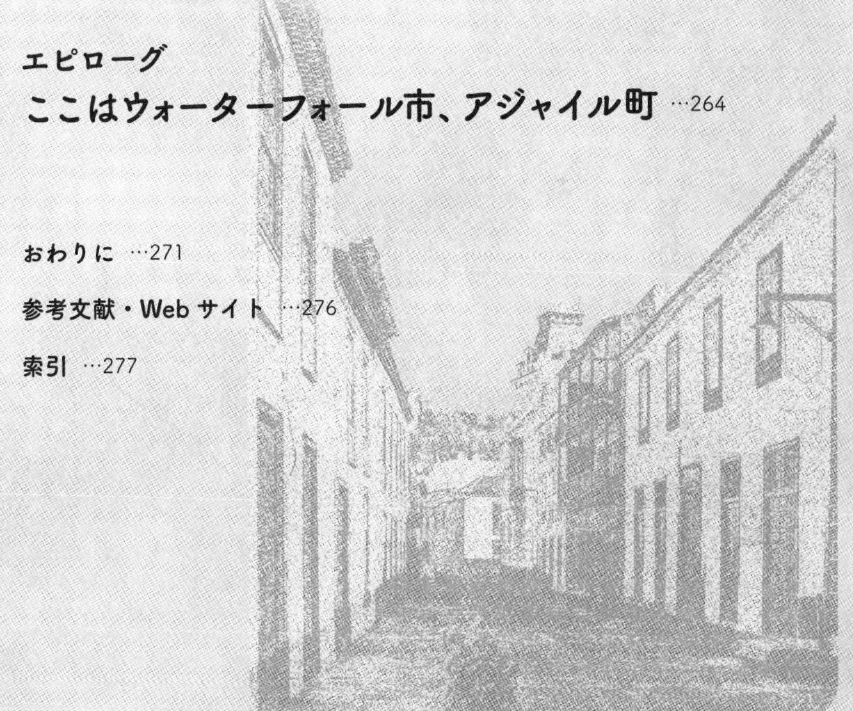

登場人物紹介

相良(さがら) 真希乃(まきの) Makino SAGARA（33 歳）

『過去に流した涙を、
未来の笑顔に変えたい！』

大手精密機器メーカー、ハマナ・プレシジョン株式会社の課長代理。3年前に中途入社。海外マーケティング部門を経て、この4月から情報システム部 インフラグループ 認証基盤運用チームのリーダーに着任。プレゼンスの低い情報システム部門と、無力感漂う運用チームにショックを受けつつ、カルチャーを変えようと奮闘する。スクラムマスター、葵と出会いアジャイルに目覚める。

森岡(もりおか) 俊平(しゅんぺい) Shunpei MORIOKA（27 歳）

『そうおっしゃるのなら』

ハマナ・プレシジョン株式会社の5年目の技術系社員。真希乃の部下。入社以来、情報システム部門で統合認証基盤 HIM の開発に少し携わり、運用チームに異動。朝には弱いが頭はいい。

掛塚(かけつか) 忠司(ただし) Tadashi KAKETSUKA（53 歳）

『キミは余計なことを考えなくてよろしい』

ハマナ・プレシジョン株式会社 情報システム部 インフラグループの課長。真希乃の上司。いかにも昭和時代の管理職といった感じで、堅物の保守派。たびたび真希乃と衝突する。趣味はゴルフ。

浅羽(あさば) 舞(まい) Mai ASABA（36 歳）

『やってみましょう』

協力会社、カジマ・システムサービス（カジマ）の社員で認証基盤運用チーム内に常駐しているベテランの運用 SE。開発チームの経験もあり、要件定義や設計、およびテストの計画と実施、運用ツールの作成と幅広く業務をこなす。あっけらかんとした性格で、真希乃の心の支えにも。1児の母。わりとミリタリー好き。

※読者特典として、キャラクターのラフ画が描かれた「キャラクター設定資料」（PDF 形式）をダウンロードできます。詳しくは2ページをご参照ください。

はらのや　わたる
原野谷 渉　Wataru HARANOYA（41歳）

『それ、何の意味があるの？』

カジマの社員で認証基盤運用チーム内に常駐。インフラエンジニアとして、主に認証基盤の運用を支える本番環境や試験環境などの構築と維持を担当。機嫌に左右されやすく、ややとっつきにくい性格。真希乃を「小娘」と見ているフシもある。

かさい　みか
笠井 美香　Mika KASAI（32歳）

『ユーザーの声は無視ですか？』

ハマナ・プレシジョンのITシステム運用子会社、ハマナ・アドバンスト・ソリューションズ（ハドソル）の社員で認証基盤のヘルプデスクリーダー。まもなく10年になるベテランで頼もしい存在。黒服好き。ときどき奇抜なファッションでフロアに話題を提供する。

いば
伊場 さつき　Satsuki IBA（25歳）

『イケそうな気がします！』

ハドソルの社員。入社３年目のヘルプデスクメンバー。元気がとりえで、閉ざされたヘルプデスクルームに明かりを灯す。美香を尊敬し、自身も一人前のリーダーになりたいとがんばる。褒められると伸びるタイプ。ロックフェスが生き甲斐。

いりの　ゆうと
入野 雄人　Yuto IRINO（34歳）（左）

さぎさか　たつや
匂坂 達也　Tatsuya SAGISAKA（31歳）（右）

『それをカバーするのが運用の仕事だよね？』

ハマナ・プレシジョン 情報システム部 インフラグループ 認証基盤開発チームのリーダー（雄人）とメンバー（達也）。部内でも指折りのイケメンで、「ユウタツコンビ」と言われることも。頭がよく仕事はデキるが、開発ありきでいつも運用を後回しにするため、運用メンバーからはよく思われていない。

なかすか　あおい
中須賀 葵　Aoi NAKASUKA（年齢不詳）

『境界を越えた先に、セイチョウがあるのよ』

スクラムマスター。北欧雑貨を扱う通信販売の企業の社員とのことだが、詳細は不明。アジャイル開発の勉強会で真希乃と出会い共感。社外メンターとして、真希乃のセイチョウをサポートする。好物はアップルティー。

過去に流した涙を、未来の笑顔に変えたい……

プロローグ
静寂に響くキータッチ音

「春は出会いと別れの季節」

……とはよく言ったものだ。

しかし、春だからって何もわざわざ出会いと別れを演出しなくてもよいではないか。これまでと同じで何がいけないのか？

3月の終わりの週の月曜日。相良真希乃（さがらまきの）は、たったいま受け取ったばかりの辞令書を見てため息をついた。

「相良真希乃　情報システム部　インフラグループ勤務を命ずる」

自分の行きたい部署ならば受け入れられる。あるいは、まったくもって奇想天外な部署ならば、それはそれで好奇心がくすぐられる。なぜ、よりによって情報システム部（以下、情シス）なのだ。真希乃が最も行きたくない部署ではないか。まったく、会社組織とは本当に人間にとって理不尽である。真希乃は組織とわが身を呪った。

ほどなくして真希乃の送別会が企画された。嬉しい半面、有無を言わさぬ「追い出すぞ圧力」に再びため息が出る。

ハマナ・プレシジョン株式会社は、都心から少し離れた郊外に本社を構える、大手精密機器メーカー。真希乃は本社の海外マーケティング部門に勤務している。いや、まもなく「勤務していた」に変わる。3年前に転職で入社して以来、主任（のちに課長代理）としてシステムチームのリーダーを拝命。海外のグループ会社や販売統括会社向けのWebサイトや情報共有基盤など、ITシステムの企画や導入の旗振りをしてきた。よって、真希乃はITについてまったくのシロウトではない。

システム化の構想から始まり、要件定義、外部設計、内部設計……と進む一連の流れは理解しているつもりだし、真希乃自身も数々のプロジェクトで経験してきた。「外注さん」と呼ばれる、同じフロアに常駐している社外のWebプログラマーやデザイナーと一緒に仕事もしてきた。もちろん、情シスとのやり取りも日常茶飯事だ。

その情シスの社内におけるプレゼンスは、お世辞にも高いとはいえない。控えめに言って、情シス＝受身な人たちな印象。言われたことはやるが、言わなければ何もやってくれない。業務の課題を解決するような提案もしてくれない。人手が足りないのも、プロパ（生え抜き）社員が少ないのもわかる。それにしても、主体性や積極性を感じられない。

そして、ふた言目には「費用対効果」。新たなマーケティングやブランディングの施策をITを使って試そうにも、「効果は？」「前例がない」でいちいち話の腰を折る。真希乃も上司も、情シスには事あるごとに腹を立てていた。真希乃と同時期に中途で入社した情シス配属の仲間も初めはモチベーションが高かったものの、いまではすっかり物言わぬおとなしい人に。いやはや組織文化とは恐ろしい。

そんな印象もあってか、いよいよ情シスは真希乃にとって行きたくない部署の筆頭になっていったのである。

着任初日。真希乃は新たな環境に移ったとき、最初の週だけは必ず早めに出社することにしている。この日も、目覚まし時計をいつもより40分早くかけ、30分早く家を出て、20分早く会社についた。

いつもとは違う建屋の、違うフロアに出社する。部署が変わるだけで、道すがらのいつもの景色もがらりと変わる。それは真希乃の心のうちを映しているにすぎないのだけれど。

「お、おはようございます」

こわばった挨拶の声の向こう側に、課長の掛塚忠司（かけつかただし）の姿があった。1時間以上前に出社しているのだろうか？ 何食わぬ表情で黙々とノートパソコンの画面と向き合って指を動かしている。この世代のサラリーマンは朝が早い。

「あ、相良さんね。業務説明をするから落ち着いたら声をかけて」

掛塚は真希乃と目も合わせず、ぶっきらぼうに言い放つ。真希乃はのっけからどうにもこうにも落ち着かないが、気を遣って時計の針が3分を刻みきったところで声をかけた。

真希乃の所属は認証基盤運用チーム。プロパの若手社員が1名、外部の会社「カジマ・システムサービス（通称カジマ）」から常駐しているエンジニアが2名、さらにグループ会社である「ハマナ・アドバンスト・ソリューションズ（通称ハドソル）」の6名からなるヘルプデスクで構成される。加えて、運用統制チーム、ネットワークチーム、インフラ基盤チーム、監視チーム、開発チームなどいくつかのチームと連携しつつ業務を進める。

認証基盤とは、社内システムおよびクラウドサービスなどのITシステムを社員や協力会社スタッフが適切に利用できるために、ユーザーIDの配布や認証および管理を統合的に行う仕組みである。平たく言えば、IDとパスワードを管理するシステムといったところか。ITに詳しくない人に説明するならば、「毎朝出社したときにログインするアレ」である。

そのアレだが、ハマナ・プレシジョン本体では“HIM（＝Hamana Identity Manager：通称「エイチアイエム」）”という名の自社開発のパッケージを使っている。パッケージといえど、カスタマイズの嵐でもはや原型をとどめていないけれども。これまで本体とグループ会社、さらには協力会社のスタッフ向けで異なる認証基盤システムを使っていた。

しかし、ことグループ会社と協力会社スタッフについては、それまで使っていた認証基盤はキャパシティの面でもセキュリティの面でも脆弱性が問題視されており、統合管理が求められていた。そんな矢先、副社長がCISO（Chief Information Security Officer：最高情報セキュリティ責任者）を兼任することになった。これを機に、副社長のオーダーで認証基盤をHIMに統合することになった。その名も"X-HIM（クロスエイチアイエム）"。X-HIMのリリースに伴い、IDナンバーそのものはもちろん、本社やグループ会社社員や協力会社スタッフがIDを新規に登録したり変更したりするための手続きも大きく変わる。

その X-HIM はつい先日、3月20日にリリースされたばかりだ。

「それにしても、なぜこんな中途半端なタイミングに？」

真希乃は素朴な疑問を掛塚にぶつける。3月末から4月頭といえば、年度の変わり目、組織の変わり目でどの部署も落ち着かない時期。そのタイミングになぜわざわざ新しいシステムをリリースするのだろうか？

「いや、もともとは1月にリリース予定だったんだけれどね。データ移行リハ（リハーサル）で不具合が見つかって仕切り直し。リスケ（リスケジュール）せざるを得なかったんだよ」

予算消化と会計処理の兼ね合いもあって、どうしても前年度内にリリースしなければいけないオトナの事情もあったとのこと。目の前のノートパソコンの画面に目線をやったまま、掛塚は淡々と付け加える。キミもいままでシステム開発に関わっていたのだから、細かく説明しなくてもわかるだろうと言わんばかりの口ぶりだ。どうやら、掛塚の辞書には愛想というコトバはないようだ。

「なるほど。ウチの情シスらしいですね……」真希乃はそう言いかけて思いとどまった。情シスはもはや他部署ではなくて自部署なのだ。初日から不用意な自虐発言で周りをイラっとさせる道理はない。

「まあ、そんなことはどうでもいい。何か業務でわからないことがあれば、森岡くんに聞いて」

面倒くさそうに言い放つ掛塚。

森岡俊平（もりおかしゅんぺい）。真希乃の部下になるメンバーだ。5年目の男性社員で、ハマナ・プレシジョンには技術職として入社した。マイペースだが、仕事はそこそこできると聞いている。

「あ、おはようございあーす」

噂（脳内）をすれば影。俊平がのそのそと出社してきた。あくびまじりでノートパソコンの蓋を荒々しく開く。

「おはよう、俊平くん。今日からよろしくね」

「あ、ああそうか？ 今日からでしたね。相良代理、よろしくおねがいしあーす」

寝ぼけ眼で返す俊平。まだまだ眠りが足りなそうだ。

認証基盤運用チームの社員は、課長の掛塚（開発チームと兼務）を除けば、プロパの社員は真希乃と俊平の2人である。加えて、近くの協力会社席に外注のスタッフが2人。カジマの浅羽舞（あさばまい）と原野谷渉（はらのやわたる）だ。舞はいわゆる運用SEで、要件定義や設計およびテストの計画と実施を担当。渉はインフラエンジニアとして環境構築と維持を担当している。

フロアの最も離れたところ、端の一角はヘルプデスクルームだ。そこにハドソルのヘルプデスクメンバーが常駐している。リーダーの笠井美香（かさいみか）は、まもなく10年になるベテランだ。入社以来、ぱっつんの髪型を変えることなく今日も仕事とお洒落にいそしんでいる。伊場（いば）さつきは3年目。元気がとりえで、美香の背中を見ながら育っている。他にハドソルの4名がここでヘルプデスク業務に従事している。

ヘルプデスクルームはガラス張りの壁で覆われている。個人情報取り扱い区画であるがゆえだ。入退室には社員証とは別のIDカードが必要で、一般社員は出入りできない。認証基盤運用チームのメンバー

（舞と渉を含む）は、そのIDカードを所有しており、必要に応じてヘルプデスクルームに出入りしている。

まもなく舞が、そして渉が出社して席についた。挨拶もそこそこに、2人もパソコンを開いて黙々と作業を始める。

リリースしたばかりの統合認証基盤、X-HIM。

毎度のごとく、トラブルだらけ、クレームだらけでお世辞にも落ち着いている状況とは言いがたいようだ。メンバーの机の上の雑然さ（メモをしたふせんやペンが散乱している）がそれを如実に示している。それは、俊平、舞、渉の疲れた横顔からもうかがえる。ガラスの向こう、ヘルプデスクルームは電話が鳴り止まない。6名全員、頭をペコペコ下げながら受話器の向こうの相手のストレスを受け止めている様子が目に入る。

「ねえ、いまの状況を教えてもらえる？」

ほんの隙を見て、真希乃は俊平に耳打ちした。

俊平の説明はこうだ。

例のごとく、現場をわかりもしない本社スタッフと開発メンバーが勢いだけで要件定義を進めてしまった。その要件も運用チームのメンバーには知らされぬまま、ものづくり開始。試験工程で発覚するバグ。「こんなものリリースできるわけがない」という運用およびヘルプデスクメンバーの声を無視して、開発は突き進んだ。そして無謀にもリリース。ほれ見たことか、ユーザークレーム、システムインシデントの嵐。その対応と原因分析および対策検討のための残業の日々が続く。それが、運用メンバーの疲れた顔色に表れている。

「なんでそんなものリリースさせちゃったの？ あたしだったら全力で止めるけれど……」

オトナの事情なんて知ったこっちゃない。真希乃は話を聞いているだけで募ったイライラを、目の前の俊平にストレートにぶつける。

「何を言ったってムダですよ。俺たち運用が何か言ったところで……」

真顔で言い放つ俊平。「まったく、ユーザー（業務）部門出身の人はこれだから……」と言いたげな様子もうかがえる。

「で、開発メンバーはこの状況をどう見ているの？」

真希乃はついつい詰問口調になる。

「うん、まあ……改修はしてくれているのですけれど、『基本、キミたちでナントカしてくれ』って……」

「ええ、それって『運用でカバーしろ』ってこと!? ふざけんじゃ……」

静かなフロアに響く新参者の怒号。周りのチームの面々の視線が真希乃と俊平に集中する。

「しいっ、相良代理、声が大きいっす！」

俊平はあわてて制する。

「運用でカバー」。このフレーズはメンバーをイラっとさせるらしい。向かいの舞の眉間がピキっとなったのを、真希乃は見逃さなかった。どうやらいままで見てきた世界とは、文化もメンバーのマインドもだいぶ異なるようだ。まさに運用軽視、現場を見ない「後手後手」のウォーターフォール型開発の地獄絵図そのもの。

「状況はわかったわ……」

気分を取り直した真希乃。理解はしたが、納得はしていない。缶コーヒーをひと口すすり、続ける。

「それから、その相良代理って言い方やめてくれない？ あたし、役職呼称ニガテなんだよね。なんだか昔のお役所や軍隊っぽくって……」

真希乃でいいよ。俊平に念押しする。海外部門で「さん付け」「ファーストネーム」呼称に慣れきった真希乃にとって、どうにもこうにもこの文化は気持ちが悪い。いいんだ、当社はグローバルカンパニーを標榜しているのだから。昭和な日本文化は変えていかないと。そう自分に言い聞かせて、わが道を進むことにした。

それにしても静かな職場だ。傍目にはリリース直後のドタバタが感じられない。なんていうか、皆が「おごそかにあたふたしている」感じがするのだ。まずもって会話がない。常に和気あいあいとしていた、海外マーケティング部門と同じ会社とは思えない。

カタカタカタカタ……ターン！

乾いたキータッチ音だけが、運用メンバーのいらだっている様子をフロアに自己主張する。

配属初日にフロアを出る頃には、すでに22時を回っていた。他のメンバーも同じだ。

「今日はまだマシな方ですよ」

帰り際、舞のひと言が追い討ちをかける。まったくとんでもない部署に来てしまった。

――このままで私、いいのかな……。

体力もそうだが、自分のキャリアや将来にも疑問と不安を感じざるを得ない真希乃。いや、将来の話よりも、目先の残業だらけのリアルをまずはどうにかしたい。

――この状況、なんとか打破できないものか……？

真希乃は切なげに、春宵のうっすらと霞がかった空を見つめた。

第1章 無力感

Keywords

- ウォーターフォールとアジャイル
- アジャイルソフトウェア開発宣言
- アジャイル宣言の背後にある原則
- 共存
- Be Agile

1週間が経った。ただ単に時が流れただけで、現場のゴタゴタは何も解決していない。相変わらずインシデントだらけ、クレームだらけ、残業続きの日々だ。着任したての真希乃は、何もできないのをもどかしく感じていた。

と、嘆いていても始まらない。チームを観察していて、真希乃は次の4つの問題を認識した。

①開発メンバーと顧客だけで物事（業務要件やシステムの仕様など）が決まる
②運用メンバーが登場するのは、ユーザーテスト工程から。そこで運用上の問題が次々に発覚
③開発チームに何を言っても「運用でカバーしてくれ」のひと言。取り合ってもらえない
④そもそも日常的に運用やヘルプデスクの声が開発に届いていない。届ける機会やタッチポイント（接点）すらない

ハマナ・プレシジョン株式会社のシステム開発、運用のやり方は典型的なウォーターフォール型である。ウォーターフォール型とは、ITシステムの開発を「構想」「要件定義」「基本設計」「外部設計」「内部設計」「プログラム開発」「運用設計」「単体テスト」「総合テスト」「ユーザーテスト」などの工程に分けて進めていく手法をいう。滝を流れる水のごとく、前工程（上流）で決まった物事が後工程（下流）に引き継がれていく仕組みからウォーターフォールと呼ばれる。このやり方は、上流で決まった要件を下流、すなわち設計やプログラム開発が進んだ段階や、運用を始める段階では変えにくい。手戻りが大きいからだ。

ほとんどのITシステム開発で、要件は開発メンバーと顧客（ここ

ではハマナ・プレシジョンの業務部門）だけで決められる。きちんと要件を定義してくれればよいのだが、たいていの場合、システムを利用するユーザーや運用する人たちの観点が抜けている。そして、運用を考慮しないシステムができあがる。運用メンバー、ヘルプデスクメンバーが文句を言おうにも、時すでに遅し。

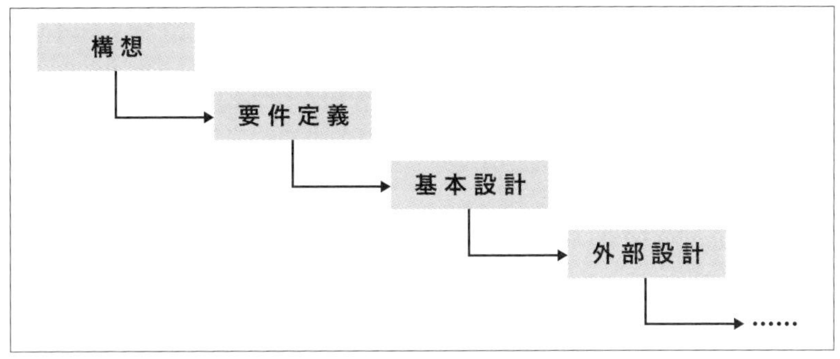

図 1-1　ウォーターフォール

「運用でカバーしてくれ」

開発メンバーからは、この無慈悲なひと言で突き返される。とはいえ、やはりどうにもこうにも運用でカバーしきれない不具合や、ユーザーからのクレームが多い要望についてはシステムを改修（変更）して対応する。今回の X-HIM も然り。昨日も今日も、開発メンバーによる小規模な改修と追加リリースが続いている。

これまた問題がある。

変更の内容が、運用チームに十分に知らされない。気が付いたら仕様が変わっている。大きな変更は共有されるものの、軽微なものはまったく知らされない。後になって運用メンバーが「たまたま」知る。

大変なのはヘルプデスクだ。ユーザーから指摘されて変更に気付くこともしばしば。ユーザーをヘルプしたくてもヘルプできない。

そんなこんなで、新たなインシデントやクレームがムダに増える。まさに負のスパイラルだ。

さらに問題なのが、これらインシデントやクレームの状況が運用チーム（ヘルプデスクを含む）内でも共有されていないことだ。

どんなインシデントが起こっていて、どんなクレームがホットなのか？ 誰が何をどう対応したのか？ 共有する場も仕組みもない。ともすれば対応も「気付きベース」での、個々人のボランティア精神に委ねられている。きわめて偶発的かつ属人的である。

まずはメンバーがこの状況をどう思っているのか、それを知りたい。真希乃は運用チームのメンバーに話を聞いてみることにした。

「毎度こんな感じですねぇ……」

舞はお茶をすすりながら、淡々と感想を述べた。その落ち着いた横顔に、そこはかとない他人事感を受ける。

「毎度こんな感じ」とわかっていて、いままでなんとかしようとしなかったのか？ 真希乃は舞のクールな態度に少しいらだちを感じた。もっとも、舞は協力会社の人間だから仕方ないのかもしれないが……。

「いちいちイライラしていたら、身が持たないですよ」

まるで真希乃の心を見透かしたようなコメント。舞は察しがいいようだ。

俊平に声をかける。彼がこの状況をどう思っているか知りたかったからだ。

「そうっすね。リリースするたび、大量のインシデントとクレーム対応に追われるのがつらいっすね……」

あくびまじりに答える俊平。少なからず、問題意識はあるようだ。

「で、あなたはどうしたいの？」

俊平はプロパだ。それなりの責任感を持ってもらわないと困る。真希乃は覗き込むような姿勢で、俊平のひと言を待った。ところが……。

無反応。

口をつぐんだまま、俊平は空（くう）を見上げている。

「ねえ聞いてる？　俊平はこの状況をどうしたいのよ？」
ついつい詰問口調になる真希乃。
「いや……どうしたいって言われても、どうにかできるんすかね？」
想定外の反応。真希乃はポカンとする。もう少し、建設的な答えが返ってくると思った。
「だって、開発がつくったシステムをなんとかカバーするのが運用の仕事でしょう」
それ以上でも以下でもないです、と俊平は弱々しく付け加える。
「どうしたいって聞かれたって……意思なんてありませんよ。インシデントやクレームを淡々とつぶす。それ以外に何がありますか？」
何の言葉も返すことができない。真希乃自身、まだ運用の仕事をよく理解していないのも大きい。らちがあかないと思ったのか、俊平は自分の目の前のノートパソコンをカチャカチャいじりだした。
――ずいぶんと、受身意識が強いんだな……。
とりあえず、俊平のマインドセットはよくわかった。どう向き合うかは、これからじっくり考えることにする。次は渉だが……。

「クソ」
「また生煮えの状態でリリースしやがって」
ぶつぶつと毒づいている。とても声をかけられる雰囲気ではない。あえて、他人を近寄らせないオーラを出しているのかもしれないが。隙を見計らって声をかけようとした刹那、渉は突然立ち上がり、タバコとライターを手荒く鷲づかみにしてフロアを出て行ってしまった。
――いま声をかけるのはやめておこう……。
真希乃はくるりと踵（きびす）を返し、そのままヘルプデスクルームに向かった。

「見てわかりませんか？ この状況がすべてです」

手荒いジェスチャーで、美香は背後を指し示す。その後ろではけたたましい電話の呼び出し音が響き、５人のヘルプデスクスタッフが対応に追われている。デスクの上に散乱する、食べかけのサンドイッチの袋が真希乃の目をとらえた。現場の惨状を表している。

「あの……。どうすれば、ヘルプデスクの仕事がやりやすくなるかな？なんて……」

遠慮がちに、真希乃は問いかける。

「……。考えたこともありません」

ニコリともせず淡々と答える美香。眼が据わっている。たまたまなのか、いつもそうなのか、はたまた過酷なヘルプデスク業務がそうさせてしまったのか？

「私たち運用メンバーにこうしてほしいとか、あるいは開発側への要望とかあれば……」

真希乃は質問を噛み砕いてみる。しかし、美香はピクリとも表情を変えない。しばし沈黙する。

「……何を言ってもムダですから」

キレイに揃った黒の前髪が、冷たさを強調させる。

いままでもヘルプデスクリーダーとして、ユーザーの声をプロパ社員に上げてきた。月次の運用報告会や、リリース後のトラブル報告会、交流会などの機会をとらえて。

「何１つ変わりません。何１つ……」

真希乃から目を逸らし、そっとうつむく。

「どうせ私たちグループ会社の声なんて、聞いてもらえないですから」

美香は吐き捨てるようにつぶやいた。

まもなく10年選手になる美香。それだけに、彼女の言動は悲しくも説得力がある。着任したばかりの真希乃には知り得ない、確執と深い闇を垣間見た気がした。

「もう、いいですか？ ユーザー対応しなければいけないんで……」

美香は掛け時計をチラチラと気にし始めた。あまり時間をとっても申し訳ない。ありがとうとだけ言い残し、真希乃はいったん自席に戻った。

無力感。

この３文字が真希乃の頭をよぎる。

——この職場、無力感で覆われている……。

いままで見ていた業務のフロントの世界とは違い、こんな無力感に覆われた世界があったなんて。真希乃は切なくなった。

「毎度こんな感じですねぇ……」

「意思なんてありませんよ」

「何を言ってもムダですから」

こうした思いがまるで渦潮のようなうねりとなって、運用チームとヘルプデスクに無力感を生んでしまったのだ。だからといって、「はいそうですか」と聞き流すわけにはいかない。

プロパだから。グループ会社だから。外注さんだから。運用だから。開発だから。

真希乃はそんな垣根が大キライだ。同じチームで仕事をしている仲間たちに、所属会社も何も関係ない。

ONE TEAM（ワンチーム）。

2019年に行われた、ラグビーワールドカップの日本代表選手の合言葉。この言葉は日本中を感動させた。

——私のチームも、一体感あるワンチームに変えたい……。

悶々とした思いで、真希乃は帰りの電車の座席に身を沈める。今日も深夜帰り。連日の睡眠不足もたたり、気を緩めると寝落ちしてしまいそうだ。真希乃はあわてて姿勢を正す。そうだ、何かをしていればこの眠気と闘えるに違いない。とりあえず、スマートフォンをいじることにする。何かいい解決の糸口はないものか……。

「チームビルディング」「組織活性」でインターネットを検索してみる。人材開発系の会社のWebサイトや、ブログへのリンクが次々に表示される。文字だらけのサイトはかえって眠気を誘うだけ。そんな気持ちで、画面をスクロールしていると、

「アジャイル勉強会」

真希乃は思わずスワイプする指を止めた。クリックして中身をのぞいてみる。アジャイルという言葉は、真希乃も聞いたことがある。システム開発の新しい手法で、迅速かつ柔軟にものづくりを進めていくやり方……だった気がする。詳しくは知らないけれど。その勉強会は、アジャイル開発の手法や組織カルチャーについて会社を越えて学び合うコミュニティのようだ。それ自体はたいして珍しくもない。真希乃は、その勉強会のサブタイトルに惹かれたのだ。

～セイチョウする組織をつくる～

セイチョウする組織。そのワンフレーズが、真希乃の心の片鱗をグリップした。

――役立つかわからないけれど、行ってみようかしら……。

ちょうど、次の土曜日に次回の勉強会が開催される。まだ空席もあるようだ。真希乃は電車がひと駅進む間悩んでから、参加ボタンを押した。

＊＊＊

土曜日は朝から曇り空だった。お出かけ日和とは言いがたいが、屋内で過ごすにはちょうどいいかもしれない。そう自分に言い聞かせながら、真希乃は勉強会に行く準備を済ませた。会場は最近できたコワーキングスペース。真希乃の住む町からそう遠くない。その条件も、真希乃が勉強会に参加するハードルを下げた。

会場にはざっと30名。真希乃が到着した頃には、先客たちが座席を埋めていた。真新しいウッドが放つ、フィトンチッドの匂いが心地よい。皆、パーカーやトレーナーなどカジュアルな服装をしている。そして、ほとんどの参加者がノートパソコン（9割がMac）を広げてカチャカチャやっている。初参加の真希乃はなるべく目立たないようにと出入り口付近の端っこの席に腰かけ、膝の上で手帳を小さく広げた。

開始時間になった。主催者と思しき男性が演壇に登場する。30代前半くらいだろうか？　彼もまたトレーナーにジーンズの休日スタイルだ。真希乃が知っている勉強会やフォーラムは、スーツ&ネクタイの人たちが仕切って、同じようにスーツ&ネクタイの男性がずらりと並んで座っているものばかりだった。こんなカジュアルな世界もあるのだ。真希乃は、自分がここにいるのが場違いな感じがした。

男性が、会の趣旨と注意事項を手短に説明する。いつもは複数のプレゼンターが、LT（ライトニングトーク）と称する5分程度の短いプレゼンテーションをしているそうだが、今回は1人が基調講演をするとの説明だ。何も考えずに申し込んだ真希乃は、そこでようやくプログラムの概要を知る。

真っ赤なセーターの女性が壇上に現れる。真希乃より3~4歳年上といったところだろうか。背が高く、スラリとした立ち振る舞い。セミロングの黒髪が「デキるビジネスパーソン」の雰囲気を醸し出している。彼女が今日のプレゼンターのようだ。

「アジャイルと組織文化」中須賀葵（なかすかあおい）

タイトルスライドがスクリーンに浮かび上がる。

「皆さん、こんにちは！」

ハキハキとした声で、次々にスライドが映し出される。彼女はいったい何者なのだろうか？ プレゼンテーション慣れしているところを見るに、コンサルタントだろうか……などと推察していたところで、スライドが「自己紹介」のページに切り替わる。

どうやら、北欧雑貨を扱う通信販売の企業の社員らしい。役割は「スクラムマスター」。はて、スクラムマスターとは何をする人だろうか？ そもそもコトバがよくわからない。

真希乃が首を傾げている間に、スライドはどんどん進む。コミュニケーションの悪い職場の、仕事のやり方やカルチャーを変えたストーリーのようだが。

スプリング？ スプリント？ がどうのこうの……ケトル？ ケプト？が云々かんぬん……。

図表を多用してくれているからなんとなくわかるような気もするが、やはり真希乃には新しすぎて要領を得ない。スクリーンには「おわりに」の文字が映し出されている。葵の話もいよいよクライマックスだ。

――アジャイルなんて、やっぱり遠い雲の上の話だったみたいね。

私みたいな、レガシーなウォーターフォール型の現場には関係ないんだわ……。

真希乃が理解するのをあきらめかけた次の瞬間、壇上の葵と目があった。気迫に満ちた眼差しだ。真希乃は思わず息を呑む。
「ウォーターフォールかアジャイルか？ 0か1かでとらえて、蓋をしていたら組織もあなたもセイチョウしない」
組織もあなたもセイチョウしない。真希乃の脳内にリフレインする。その言葉は、まさにいまの真希乃と運用チームの問題を的確に示しているからだ。葵は続ける。
「ウォーターフォールとアジャイルに優劣はありません。どちらも正しく、等しく価値がある」
どちらも正しくて、等しく価値がある？
真希乃はてっきりウォーターフォールはもはや時代遅れで、アジャイルが優れているものだとばかり思っていた。だから、こうしてアジャイルの勉強会にも足を運んでみたのだ。そして、レガシーな自分の職場をアジャイル型に変えるのは無理だと意気消沈しかけていたのだ。だが、葵の次のメッセージが真希乃の眼を大きく開かせる。
「そして、アジャイルな発想や取り組みは、ウォーターフォールの中でも十分に価値を発揮できるのです」
ウォーターフォールの世界でも、アジャイルを活かすことができる？ 真希乃には意味がわからない。ウォーターフォールとアジャイルは、対立する概念だと思い込んでいたからだ。

真希乃があれこれ考えているうちに、葵のプレゼンテーションは幕を閉じた。会場は大きな拍手に包まれた。「個別に質問がある方は、この後会場に残って……」司会の男性の説明が早いか、会場はざわざわし始める。そそくさと帰る参加者、葵に話しかける参加者、常連同士で談話を始める参加者、様々だ。

真希乃はしばらく席に座ったまま、手帳を見返していた。いや、厳密に言えば、手帳を見返すしぐさをして迷っていた。

——このまま帰ってしまっていいものかな。それとも……。

ウォーターフォールの世界でも、アジャイルな発想や取り組みが価値を発揮できる。このメッセージが真希乃をつかんで放さない。リーダーとしての小さな責任感が、真希乃の心に頭をもたげつつあった。

——よし。一歩踏み出そう。

何もやらずに後悔をするくらいなら、やってみて後悔をした方がいい。高校3年生のとき、真希乃が担任の先生から教わった言葉だ。いまでも座右の銘にしている。何も変わらない明日を迎えるくらいなら、何かやってみて少しでも変わった方がいい。

真希乃は静かに席を立った。会場前方に向かって歩き出す。葵と参加者との会話が終わる、その隙を待つ。

——私……。

チームのメンバーの顔が頭をよぎる。無力感に満ちた職場の空気と、憂鬱な表情が真希乃の心をきゅっと締めつける。いままで真希乃が知らないところで、誰も知らないところで、運用のメンバーもヘルプデスクのメンバーもきっとたくさんの悔し涙を流してきたに違いない。そして、もはや涙を流すことすら、考えることすらあきらめてしまったメンバーたち。それはとても悲しいことだけれど、その涙をムダにするのはもっともっと悲しい。

と、そのとき。葵が解放された。いまだ！

「あ、あの……中須賀さん。ご迷惑でなければ……その、私の相談に乗ってください！」

——私…… 皆が過去に流した涙を、未来の笑顔に変えたいんだ！

小さくたっていい。ここから変わる世界があったっていいじゃないか。

真希乃の瞳に炎が灯った。

問題整理

レガシーなウォーターフォール型の現場には アジャイルを適用できない？

ここからは解説編です。物語で遭遇した問題に関して整理しながら、その対策を詳しく説明していきます。

さて、真希乃が出会ったアジャイルとは、いったいどんな方法論なのでしょうか？ また、真希乃の所属する会社のように縦割りで役割が固定された組織や、レガシーな開発スタイルの現場には、アジャイルは向かないのでしょうか？

そう思ってしまう背景には、アジャイルはWeb業界やスマホアプリなどの新規プロジェクトにしか向かないという思い込み、または、アジャイルは単なる開発方法論だという認識があるのかもしれません。

まずは、アジャイルとはどんなものなのかを知ることから始めましょう。そうすれば、ウォーターフォールとアジャイルが単なる二項対立ではないことがわかるでしょう。そして、**ウォーターフォールとアジャイルは共存可能**で、いろいろな業務にも適用可能だと認識が少しずつ変わっていくことでしょう。

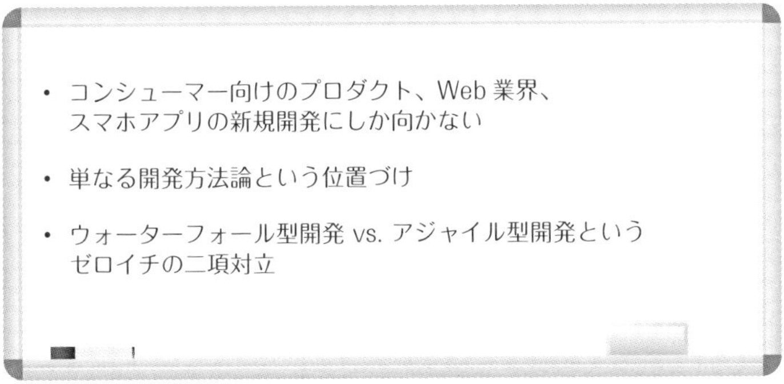

- コンシューマー向けのプロダクト、Web業界、スマホアプリの新規開発にしか向かない
- 単なる開発方法論という位置づけ
- ウォーターフォール型開発 vs. アジャイル型開発というゼロイチの二項対立

図 1-2　アジャイルへの間違った思い込み

現場での実践ポイント

ここからは、以下の３つに焦点を当てて、現場での実践ポイントを解説します。

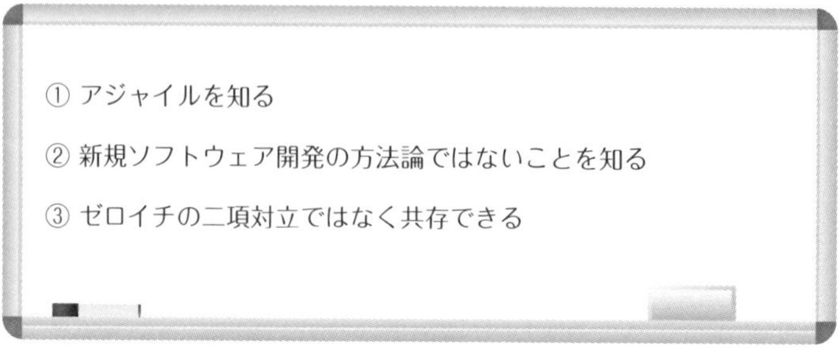

① アジャイルを知る

② 新規ソフトウェア開発の方法論ではないことを知る

③ ゼロイチの二項対立ではなく共存できる

図 1-3　間違った思い込みの解決策

アジャイルを知る

アジャイルの生誕

さっそくアジャイルに関して説明していきましょう。アジャイルとは、2001 年に 17 人のソフトウェア開発の賢人たちによって生み出された概念です。ユタ州のスノーバードというスキーリゾートにおいて、3 日間の会合が行われました。その中で、1990 年代にそれぞれがうまくいった開発手法を持ち寄り、それぞれが提唱していた**開発方法論の統合**を試みたのです。

それらの開発方法論は、週単位で継続的に開発プロセスを反復することや、その短い期間でリリース可能なソフトウェアを開発すること、動くソフトウェアをプロジェクト進行の尺度にすること、直接顔を合わせてコミュニケーションを取ること、共同作業を重要視すること、自分たちでふりかえりながらプロジェクトの優先順位を見直したりすることがところどころ似ていました。

それらの統合を試み、数カ月の協働作業の結果生まれたのが、下記のアジャイルソフトウェア開発宣言です。

図 1-4　アジャイルソフトウェア開発宣言

出典：https://agilemanifesto.org/iso/ja/manifesto.html

アジャイルの価値

この宣言の中では**「個人と対話」**をし、**「動くソフトウェア」**を基準にし、**「顧客と協調」**し、**「変化に対応」**することに価値を置いています。

ここで注意が必要なのは、最後の「左記のことがらに価値があることを認めながらも、私たちは右記のことがらにより価値をおく」という一文です。プロセスやツール、ドキュメント、契約、計画に価値がない、必要ない、とは言っていないのです。両方に価値があるけれども、より右記に価値を置くと言っているのです。アジャイルだから計画しない、アジャイルだからドキュメントは書かないと思っている人がいたら、それは間違いなのです。

アジャイルの原則

これらの価値だけでは、まだ、フワフワした感じがするでしょう。アジャイルには宣言とは別に「原則」が存在します。これには行動の指針となる12個の原則が記されています。この12個の原則、すなわち**アジャイル宣言の背後にある原則**を確認しておくことで、アジャイル像はもう少し鮮明になってきます。

この原則には、顧客満足を最優先することや、ビジネス側と開発者は日々一緒に働くこと、価値あるソフトウェアを提供すること、定期的にふりかえることなどが書かれています。ここから**顧客**のこと、**チーム**のこと、**プロダクト**のこと、そして**プロセス**の原則が読み取れます。顧客にとって価値あるものを開発し、よりよいもの提供するために必要なことばかりなので、どれも頷ける内容でしょう。

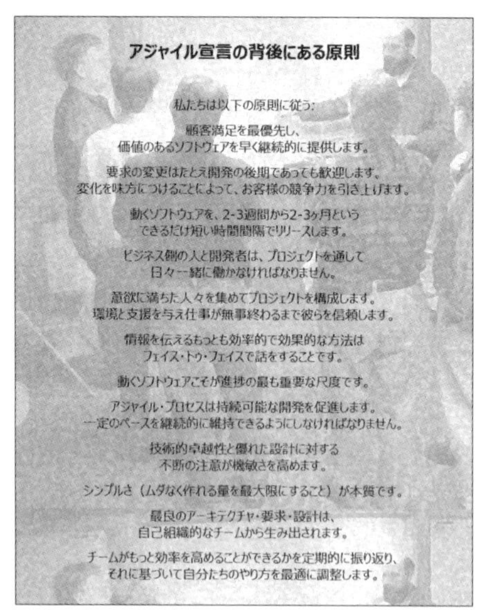

アジャイル宣言の背後にある原則

私たちは以下の原則に従う:

顧客満足を最優先し、
価値のあるソフトウェアを早く継続的に提供します。

要求の変更はたとえ開発の後期であっても歓迎します。
変化を味方につけることによって、お客様の競争力を引き上げます。

動くソフトウェアを、2-3週間から2-3ヶ月という
できるだけ短い時間間隔でリリースします。

ビジネス側の人と開発者は、プロジェクトを通して
日々一緒に働かなければなりません。

意欲に満ちた人々を集めてプロジェクトを構成します。
環境と支援を与え仕事が無事終わるまで彼らを信頼します。

情報を伝えるもっとも効率的で効果的な方法は
フェイス・トゥ・フェイスで話をすることです。

動くソフトウェアこそが進捗の最も重要な尺度です。

アジャイル・プロセスは持続可能な開発を促進します。
一定のペースを継続的に維持できるようにしなければなりません。

技術的卓越性と優れた設計に対する
不断の注意が機敏さを高めます。

シンプルさ（ムダなく作れる量を最大限にすること）が本質です。

最良のアーキテクチャ・要求・設計は、
自己組織的なチームから生み出されます。

チームがもっと効率を高めることができるかを定期的に振り返り、
それに基づいて自分たちのやり方を最適に調整します。

図 1-5　アジャイル宣言の背後にある原則

出典：https://agilemanifesto.org/iso/ja/principles.html

実は、アジャイルの定義としては、これらの「アジャイルソフトウェア開発宣言」と「アジャイル宣言の背後にある原則」しか存在しません。アジャイルとは、**とてもシンプル**だと思われたことでしょう。シンプルだからこそ、実践するのが難しいと言えるかもしれません。アジャイルを実践する中で判断に迷ったときは、これら２つを読み直してみるとよいでしょう。これらの言葉が価値基準や判断基準を教えてくれます。

新規ソフトウェア開発の方法論ではない

アジャイルソフトウェア開発宣言の中の**「対話」**や**「協調」**という言葉からもわかるように、開発の方法論以外にも、自身の現場で適用できそうなことが見えてきたのではないでしょうか。すべてを同時に完璧に行う必要はなく、**一部を取り入れてみる**だけでも構いません。

表 1-1 に、アジャイル宣言の背後にある原則をチーム、プロセス、プロダクト、顧客の視点で切り出してみました。

プロダクトやプロセスだけではなく、顧客の競争力を引き出すことや、人を信頼しチームのコラボレーションも重要であると位置づけています。そのために、自分の現場で「定期的なふりかえり」から始めてみるのもよいでしょう。

情シス部門であれ、運用部門であれ、開発以外の部門であれ、チームの視点やプロセスの視点で適用できそうなことを本書で学び、実践していきましょう。

視点	内容
チーム	日々一緒に働く／意欲に満ちた人々で構成／信頼する／フェイス・トゥ・フェイスで話す／自己組織化されたチーム
プロセス	早く継続的に提供／定期的なふりかえり／やり方を調整する／できるだけ短い時間・間隔でリリース／持続可能な開発を促進／一定のペースを維持
プロダクト	価値あるソフトウェア／技術的卓越性と優れた設計／ムダなくつくれる量を最大限にする／動くソフトウェアが進捗の尺度
顧客	顧客満足を最優先／要求変更を後期でも歓迎／お客様の競争力を引き上げる

表 1-1　原則を４つの視点で整理

ゼロイチの二項対立ではなく共存できる

ウォーターフォールもアジャイルも二項対立する考え方ではなく、それぞれのメリットがあります。

つくるプロダクトの要件や仕様が明確で変更もほぼなく、開発メンバーなどもほぼ同じであれば、複雑性が低いといえます。すると、きっちりと計画し、予定通りに開発を進めていくことが可能になるため、ウォーターフォールで進めるのが得策です。一方、世の中の状況が変わったり、つくるものの要求が変わったりといった複雑性が高い状況もあるでしょう。その場合は、プロセスを繰り返しながら徐々に成果を積み上げ、**早く失敗し学びに変え**、そのつど見直しながら開発を進めるアジャイルが適しています。

アジャイルは17名の賢人たちが持ち寄った開発手法がもとになったという説明をしました。具体的には、スクラム、XP、TDD、FDD、Crystal、DSDMと呼ばれる開発方法論が提唱されていて、**そのどれもがアジャイル**なのです。

そして、世の中の開発プロジェクトは、複数の方法論を組み合わせ、**いいとこ取り**をしながら開発しているケースが多々あります。どれか1つだけを採用しなければいけないということはありません。

ウォーターフォールも同様です。アジャイルと対立させる必要なんてないのです。業務の文脈や開発フェーズ、チームのセイチョウ段階など、**目標の段階に合わせて強弱を変え**ながら、組み合わせて活用していくのでも構いません。世の中がどうなるのかもわからないのに、何かを網羅的に調べるために長期間を使ってしまったり、そうしてつくられた計画がムダになってしまう恐れがあるのであれば、少しずつでもアジャイルの方法論を組み合わせてみるとよいでしょう。**最短でビジネス上のゴールに到達**できるように、よいところを共存させましょう。

さらなる探求

アジャイルとは「あり方」である

正解はない

私たちはとかく正解を求めてしまいますが、ビジネスや経営にたった1つの正解が存在しないように、**アジャイルにも正解はありません**。Aというものが正しい方法論だったはずが、次の日にはAは間違いでBが正しくなっているかもしれないということです。つまり、「Aを実践しているから正しいアジャイルを取り入れている」と思っていたのが、突如間違いとなってしまうこともあるわけです。

そのことがアジャイルソフトウェア開発宣言の現在進行形の1文に表れています。

私たちは、よりよい開発方法を見つけ出そうとしている
(We are uncovering better ways of developing)

この文では、「見つけた」という過去形ではなく、**「見つけ出そうとしている」**と**現在進行形**になっています。完璧な開発方法はまだ見つかっていないと考えているということでしょう。

英語の原文では「uncover」という単語を用いています。「cover」に否定を表す接頭辞の「un」がついた単語です。つまり、カバーを1つずつ外しながら、「アジャイルはどこにあるの？」「引き出しの中？」「戸棚の中？」「ゴミ箱の中？」と、あらゆる扉や蓋を開けながら探しているような状況を表現したいのだと、筆者（新井）は解釈しています。

もしアジャイルにとって正しいことは何かを明言するのであれば、「AかB」といった考え方ではなく、**「AからBに変化できる姿勢」**という柔軟さが、正しいということになります。

アジャイルになる（Be Agile）

「これだけをやっていればアジャイル」なんてものはありません。また、「これを会社に導入すればアジャイルになる」なんてツールもありません。**チームとしてセイチョウ**し、**顧客価値を最大にしていく**ために、**たゆまぬカイゼン**をしていくことが大事なのです。重要なのは、**アジャイルをする（Do Agile）**のではなく、**アジャイルになる（Be Agile）**ことです。つまり、アジャイルとは**「あり方」**なのです。

プラクティスから始めよう

しかし、いきなりアジャイルに変身することが不可能なのも事実です。プラクティスと呼ばれるプロダクト、プロセス、チームをカイゼンする方法論や習慣がいくつもあるので、これらを真希乃たちと一緒に学びながら実践していきましょう。プラクティスは単独で実践するよりも、複数を同時に実施した方が相乗効果を得られるのでおすすめです。

アジャイルはプロダクトづくりだけでなく、**プロセス**、**マインドセット**、**人**にもフォーカスを当てています。プラクティスを通して、**実践と学びのループ**を回しながら習得していきましょう。アジャイルをすることで、徐々にアジャイルになっていけばよいということです。

まだ旅は始まったばかりです。真希乃やチームメンバーとともに第一歩を踏み出しましょう。

第2章 小さな一歩

Keywords

・チームとしての機能　・タスク管理（チケット管理）
・朝会と夕会　・見える化　・仕組み化　・場づくり

葵は真希乃の申し入れに快く応じてくれた。勉強会が終わったその足で、2人は近くのカフェに向かった。一番奥のボックス席を確保する。

「で、私に相談って何かしら？」

葵は着席するやいなや、本題を切り出した。見た目に違わずストレートな性格なのだろう。真希乃はあわてて頭の中を整理しつつ、この1週間で見知った業務とチームの現状を赤裸々に打ち明けた。

「そうね……。ひと言でいうと、『出血が止まらない状況』ってところかな」

出血。その物々しい2文字に、真希乃は一瞬顔をこわばらせる。

葵は説明を続ける。いまの運用チームは、たとえるなら身体の至るところから出血している状態だ。血とは、トラブルやクレームなどのインシデント。その血がいまどこから出ているのか、誰が止めようとしているのか、誰も把握していない。出血に気付いた人がその場で、懸命に止血している。あるいは傷口をふさぎきれず、あたふたしている。そうこうしているうちに、また別の場所から血が噴き出す。それにもかかわらず、心臓（X-HIM）は構わず血を送り続ける。そんな有様だ。

「どこからどう血が出ているのか、それを把握するところから始めましょうか」

葵は、たったいま運ばれてきたばかりのアメリカンコーヒーをひと口する。砂糖もクリームも入れない。その潔さに、真希乃は葵の生き方を垣間見る。

どこからどう血が出ているか把握する。つまり、インシデントの状況を見える化するということだ。真希乃は、葵の比喩表現を自分なりに咀嚼して手帳にメモした。まずはとにかく、目先のてんやわんやをどうにかしたい。

真希乃は、改めて運用チームの問題を言葉にした。

①インシデントに対し、各自が場当たり的に対応している
②開発時の課題やバグ情報が共有されない
③インシデントの対応優先度が、チーム間でバラバラ。チーム内でもバラバラ。対応状況も共有されない
④井戸端会議文化

いま発生しているインシデントの中には、X-HIMの開発時に顕在化した課題やバグ、およびそれらに起因するものも多い。本来、開発段階でつぶしておいてほしいものだが、予算や体制や納期の関係上、「運用でカバー」で先送りされるものもある。また、それらの課題は運用チームに「申し送り」されるはずなのだが、これがなかなかうまく機能していない。そもそも、開発チームの課題管理表が運用チームに共有されない。よって、どんな課題が運用チームに申し送られているのかも、あるいはどの課題が開発チームによって機能追加や改修で対応されようとしているのかも、運用チームでは把握できない。

おのおののインシデントは、おのおののチームごと（インフラ基盤チーム、ネットワークチーム、運用統制チームなど）でExcelや独自のリポジトリで管理されている。インシデントの対応優先度も対応状況も、チーム間で共有されない。それどころか、同じ運用チーム内であっても、ある人はExcelに独自で記録して、ある人はふせんにメモ書きで記録して、またある人はそもそも記録などせず飛び込んできたインシデントを脊髄反射でつぶして終わっている。ヘルプデスクチームは、問い合わせやクレームをノーツで記録しているようだがよく知らない。

それでも、大きめのインシデントはチームを越えて共有され、なんらかのアクションが行われる。それも、たまたま声の大きい人が騒いで、その場にいるリーダーやメンバーだけで話し合われて対応が決め

られる。そこにいない人は蚊帳の外。対応が取られたこと自体、「風の噂」で知るのみとなる。要は、井戸端会議型なのだ。

「情報がほしければ取りに来い」

「その場にいなかったあなたが悪い」

とりわけ真希乃のような新参者は、井戸端の輪に入りにくい。実に不健康な組織文化だ。

とにかく、インシデント対応がいきあたりばったり、バラバラなのだ。すべてが後手後手。皆が疲弊して当たり前。

葵はウンウンと優しく頷きながら、真希乃のココロのモヤモヤを受け止めた。そのやわらかな表情は、ついさっきまで壇上でハキハキとプレゼンテーションしていた人物とはまるで別人のようだ。こうして話を聞いてもらえるだけでも、真希乃はリラックスする。

「じゃあ、まずはチケット管理から始めてみようか」

葵はつけあわせのジンジャークッキーをひとつまみし、バッグからノートパソコンを取り出した。

チケット管理とは、インシデントなどの課題や、その調査や対応など実施すべき作業を「チケット」という単位で記録し、対応履歴や進捗などを管理する方法をいう。チケットは、インシデント単位や作業単位で起票される。鉄道の乗車券や映画館の入場券のように、1枚1枚書き起こされる。

起票というと帳票に記入するイメージだが、チケット管理システムでは画面に記入する。例えば、ユーザーから1件のクレームが入ったとする。受けた担当者（または管理者）はそれをチケット管理システムの画面に記入する。これが1枚（1レコード）のチケットとなり、対応する担当者の割り振りや、優先度や対応期限の設定、担当者による対応状況の記録もそのチケットの画面で行われる。対応が完了したチケットは「クローズ」される（＝管理者がチケットの画面を操作して、完了ステータスとなる)。使い終わった乗車券が回収されるイメージだ。皆が同じチケット管理システムを使うことで、インシデントの発生状況、進捗状況や誰がどのように対応しているかがわかるようになる。管理もしやすくなる。

葵の勤める会社ではチケット管理に、Backlog（バックログ）というサービスを利用しているとのこと。別にBacklogにこだわる必要はないけれどもね、と前置きしつつ、葵はノートパソコンを開いてBacklogの画面を見せながらチケット管理の方法を真希乃に説明した。

——なるほど。これならば、ひとまず運用チームで発生しているインシデントだけでも見える化と一元管理ができそうだ。

ぼんやりと、希望の光が見えてきた真希乃。ものぐさなメンバーがわざわざチケットを書いてくれるか？ 画面操作で手間取るのではないか？ など懸念はあるものの、やれそうな気がした。

「わかりました！ では、Backlogを入れてチケット管理を始めてみます！」

いまはとにかく葵を信じて前に進むしかない。真希乃は、次の一歩が見えた気がした。葵と話していると、自分が、チームが抱えている問題が言語化できる。真希乃は、第三者と対話する価値を感じていた。

「あ、それから……」

葵は思い出したかのように付け加える。すでにコーヒーは飲み終えてしまったようだ。

「ホワイトボードを1つ、用意して」

キャスターつきの、可動式な大きめのもの。それを、チームの皆が見えるところに置くこと。葵の指示は簡潔だ。真希乃は聞いたままに、自分の手帳にメモをする。

店を出る頃には、日はビル街の彼方にその姿を隠そうとしていた。不揃いの2つの影が、地下鉄の駅に至る街路をなでる。

あのまま帰らずに会場に残ってよかった。思い切って葵に声をかけてよかった。真希乃は自分の行動を振り返る。

別れ際、葵は真希乃の正面に立った。

「声をかけてくれてありがとう」

きょとんとする真希乃。何を言っているのだろう。お礼を言うのはこちらの方なのに。意外なひと言に動揺を隠せない。

「勇気が要ったでしょう。私に声をかけるのに……」

真希乃の目を見据えたまま、葵は続ける。真希乃は小さく頷いた。なんだかココロのうちを見透かされているようで、ちょっぴり気恥ずかしい。

「でも……その勇気があれば大丈夫。あなたは変われる。そして、チームも変われるよ！」

サムアップのポーズをする葵。その表情は自信と誇りに満ちあふれている。真希乃も笑顔で、右手の親指を宙に立てた。

――私は変われる。そして、チームも変われる……。

帰り道、真希乃はその言葉を頭の中でリフレインさせた。

＊＊＊

月曜日。真希乃はさっそく運用チームで次の２つを始めた。

① Backlog によるチケット管理
②朝会と夕会

Backlog によるチケット管理は、葵に言われた通り。即実行が大事である。真希乃は他人からもらったアドバイスを真摯に受け止め、すぐに実行するポリシー（ついでに、出されたお茶やもらったお菓子もすぐ飲む・食べるポリシー）。そんな性格もあってか、「素直なところがいい」と友達や過去の上司からも評価されてきた。

ところが、今回のチームのメンバーはといえば……なかなか一筋縄にはいかない。自分の端末ですぐ Backlog を立ち上げたのは、舞のみ。

「おもしろそうですね。やってみましょう」

舞は新しいものに対する関心が強いようだ。

俊平は「はい、後でやります」と生返事。すぐ動いてくれそうな気配がない。そして、渉だが……。

「それ、何の意味があるの？」

斜め上から目線な反応。予想した通りではあるものの、こうも反抗的な言い方をされるとムカっとする。真希乃は怒りの感情を抑えつつ、葵から聞きかじった説明を身振り手振りで再演する。渉は真希乃とは目も合わせず、「ふうん」とだけ横顔で返した。

「とにかく今日中に Backlog を各自セットアップ完了させてください！」

真希乃はそれだけ言い残して、その場を離れた。

——やはり、何か新しいことを始めるときは、自分の言葉で意義やメリットを語れないとだわ……。

単なる伝書鳩ではダメだ。真希乃は、リフレッシュコーナーで缶コーヒーをぐいと飲みつつ反省する。

チーム全体の情報共有の場がないのも問題だ。そこで、真希乃は朝会と夕会を始めることにした。Backlogの画面を全員で見ながら、チケットの登録状況や進捗、「ToDo（何をすべきか）」を共有したり、意識合わせをする目的だ。朝会と夕会にはヘルプデスクのリーダーとサブリーダーである、美香とさつきにも参加してもらう。

朝会は9時45分開始、夕会は16時開始とした。朝イチや終業時間ギリギリの実施でもいいのだが、舞のお子さんの保育園への送り迎え、俊平の寝坊による遅刻リスクを考慮し、前後に余裕を持たせた。朝会、夕会ともに明日火曜日から実施することとする。

そして、ホワイトボードだが……葵に言われるがままに用意してみたものの、いまいち使い道がわからない。届いたままのピカピカの状態で、手持ち無沙汰に出番を待っていた。

問題整理

後手後手でいきあたりばったりの疲弊した現場

過酷な戦場のような真希乃の現場。自身の状況と照らし合わせてみても、いくつか思い当たる節があるのではないでしょうか。場当たり的に対処していては、いつまでたっても状況はカイゼンしません。

葵が提案した「インシデントの状況を見える化（可視化）する」という作戦を解説する前に、まずは問題を整理しておきます。物語の中で出てきた問題とその状況は図 2-1 のようなものでした。

①インシデントに対し、各自が場当たり的に対応している
- インシデント対応がいきあたりばったりでバラバラ
- すべてが後手後手に回る
- みんなが疲弊している

②開発時の課題やバグ情報が共有されない
- 申し送りが機能していない
- 開発側の機能追加や改修が運用チームでは把握できていない

③インシデントの対応優先度がチーム間でもチーム内でもバラバラで対応状況も共有されない
- インシデントの対応優先度も対応状況もチーム間で共有されない
- 運用チーム内であっても、状況の記録をしているツールがバラバラ
- 記録の有無もバラバラ

④井戸端会議文化
- 大きなインシデントはチームを越えて降りかかってくる
- 暗黙的な会議の場で知らぬ間に決定されている

図 2-1　問題とその状況

これらの問題はどれも、**チームとして機能していない**ことが根本原因になるでしょう。メンバーが個別に作業を担っているだけの状態ということです。ここでは個人で受け止めるのではなく、チームで受け止めることが重要になります。

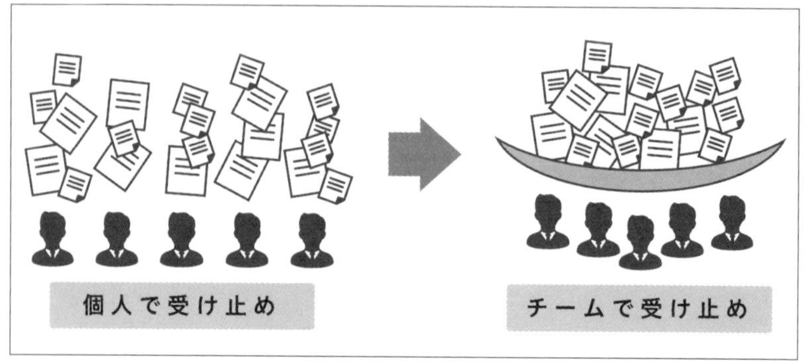

図2-2　チームで受け止める

チームで受け止めるためには、チームで状況を把握し、策を持って対峙していく必要があります。インシデントの**状況を誰もがわかるように透明性を上げ**、見える化することでチームとして対処していくわけです。つまり、これらの問題を解決する糸口として**仕組み化**と**場づくり**が必要だということです。

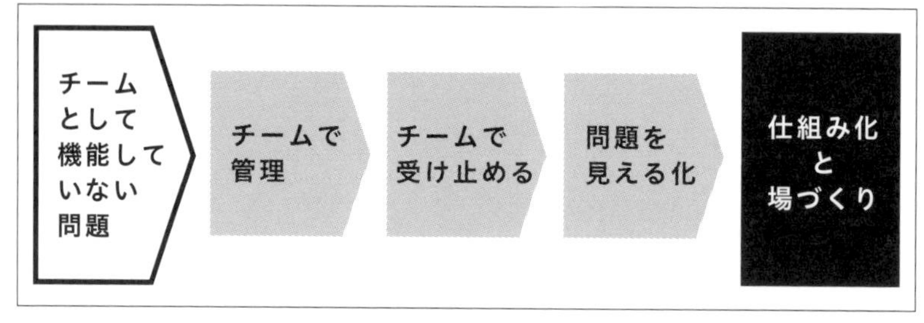

図2-3　問題と対策の流れ

仕組み化と場づくりの具体策が「チケット管理」と「朝会・夕会」です。インシデントなどのタスクの進捗管理や優先順位、対応状況の把握はチケット管理を活用します。

そして、情報共有やチームの進捗状況の確認は、朝会や夕会の場で見える化するところから始めましょう。**個人で受け止めていたことをチームで受け止め、情報を共有し、進捗を全員で把握していくことで、状況の打開に向けた小さな一歩を刻む**わけです。

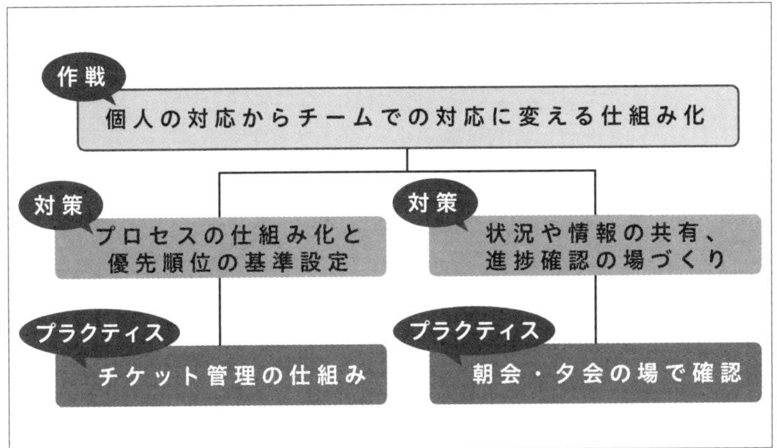

図 2-4　チケット管理で受け止めて、朝会・夕会で確認する

現場での実践ポイント

個人での対応からチームでの対応に変える仕組み化

プロセスを仕組み化し優先順位を決める：チケット管理

それでは、チケット管理と朝会・夕会のそれぞれの方法を解説していきます。まずここでは、チケット管理で解決できること、チケットの中身、メリットや副次効果の順に説明します。

チケット管理で実現できること

インシデントを含めチーム内のタスクに優先順位をつけながら一元管理し、チーム間のやり取りの門（ゲート）として、申し送りの抜け漏れなどの状況を管理できるのがチケット管理ツールです。導入することによって、図2-5のような仕組みができあがります。

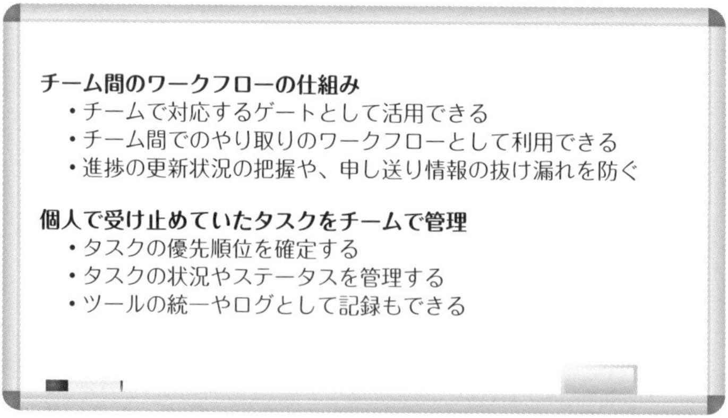

チーム間のワークフローの仕組み
- チームで対応するゲートとして活用できる
- チーム間でのやり取りのワークフローとして利用できる
- 進捗の更新状況の把握や、申し送り情報の抜け漏れを防ぐ

個人で受け止めていたタスクをチームで管理
- タスクの優先順位を確定する
- タスクの状況やステータスを管理する
- ツールの統一やログとして記録もできる

図2-5　チケット管理で実現できること

まずは、「チーム間のワークフローの仕組み」について解説します。起票したチケットは、仕事を依頼する手続きのゲートとなり、チーム間のやり取りのワークフローに変わっていきます。入り口が1つになることで抜け漏れの防止になります。また、お互いのチームにおいて進捗状況の確認もしやすくなります。

次に、「個人で受け止めていたタスクをチームで管理」についてです。個人の優先順位ではなくチームとして、依頼のあったタスクをどのような順番で対処していくかのルール決めができます。そのタスクの状況やステータスが、チケットを見れば誰でもわかるようになります。また、ログとして記載されることで、似たようなインシデントが発生した場合、調査の重複を削減できるでしょう。

図2-6のように、溜まっている未対応の「やることタスク」、実施中の「仕掛中タスク」、処理済みの「作業終了タスク」、承認まで終了した「完了タスク」という流れで、1つずつタスクの状況を管理していきます。チーム全体としてどのくらい対応しなくてはいけないか、現状の対応状況はどのくらいかなど、個人でバラバラに対応していたタスクを、チームとして**俯瞰して流れが見える**ようにしていきます。

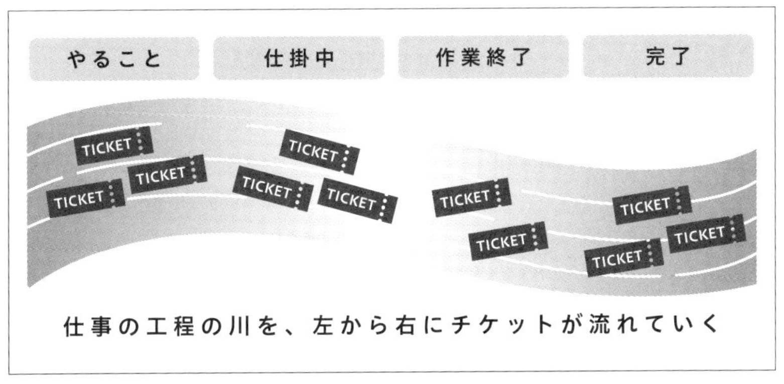

図2-6 「やること」から「完了」までの流れ

そして、**上位に配置してあるタスクの優先順位を高くする**ことで、どのタスクから片付けていけばよいかが一目瞭然になります。この仕組みとルールによって、場当たり的に対処していた状態から、チームで優先順位の高いものから着手できるようになるわけです。

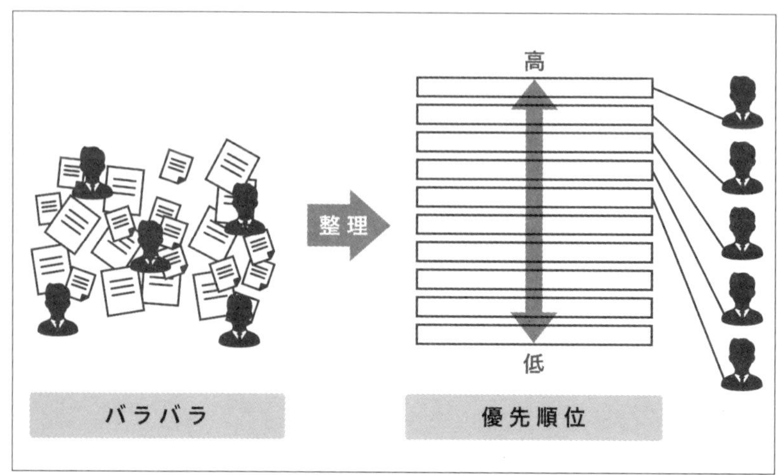

図 2-7　優先順位を見える化して順番に着手する

また、図 2-8 のようなコスト削減にも効果があります。場当たり的なやり方では、情報やノウハウを共有する時間もないので、同じようなことをそれぞれのメンバーが調査するムダもあるでしょう。似たタスクを整理したり、その人の得意な領域を任せたりすることによって、効率化が期待できます。重複によるムダな手間や時間が削減でき、さらにコスト削減ができるとあれば、現場もマネージャーも嬉しいことでしょう。

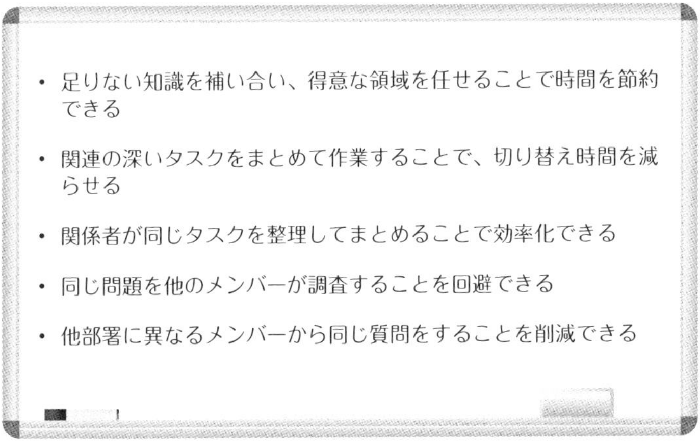

- 足りない知識を補い合い、得意な領域を任せることで時間を節約できる
- 関連の深いタスクをまとめて作業することで、切り替え時間を減らせる
- 関係者が同じタスクを整理してまとめることで効率化できる
- 同じ問題を他のメンバーが調査することを回避できる
- 他部署に異なるメンバーから同じ質問をすることを削減できる

図 2-8　チームとして対応することでコスト削減にもなる

チケットの中身

ここまでの説明で、大きな流れは把握できたと思います。では、1つ1つのチケットにはどのような情報が必要なのか、もう少し詳しく見ていきましょう。

チケット管理ツールやタスク管理ツールによって、画面構成や書式は様々ですが、基本的に図2-9のような項目を登録できます。もし項目がなければ「自由コメント欄」や「備考欄」を活用して、現場の問題に合わせながらカスタマイズするとよいでしょう。

これらのツールには検索機能も備わっているため、適切なタスク名をつけておくことで、過去の対応例を瞬時に発見することもできます。タスク名はなるべく具体的な名前をつけて、後からタスクの名前を見ただけでわかるようにするのがコツです。例えば「昨日、内線で依頼したこと」では、何のことがわかりません。「認証画面でエラー番号505905が表示される」などと記載することで、同様のトラブルが発生したときに大いに役立つようになります。

また、誰がいつタスクの進捗状態を変更するのか、誰がタスクを割り当てるのかなどのルールをチームで決めておきましょう。各自が率先して記載するようにしても構いません。各チケットは変更するたびに、日時と氏名などが自動で記録されるので、変更履歴の管理もツールに任せられます。

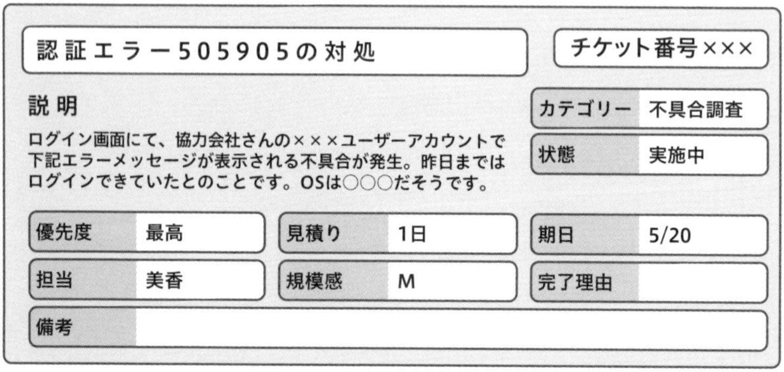

名称	内容
タスク名	タスクの名前
説明・内容	タスクの詳細な依頼内容や依頼状況などの説明
カテゴリー	不具合修正や要望、質問などをカテゴリーとして管理
状態	未着手、着手、待ち状態、承認待ち、完了などのステータス管理
優先度	3段階くらいの優先度
期日	完了すべき期日
担当	タスクを実施する担当者名
規模感・見積り	どれくらいの日数がかかるのかの規模感や見積り
完了理由	問題が解決したのか、別の方法で解決できたかをコメントする

図 2-9　チケットのイメージと各項目

メリットや副次効果

ここまでで仕事の大きな流れやチケットの中身については把握できました。さて、これらがあるとどのようなメリットがあるのでしょうか。

1つ目のメリットは、**個人で抱えていたノウハウがチームに共有**されることです。業務知識や調査したこと、他部署から教わったことがチケットの中に記載されていれば、他の担当者に伝えられる媒体となります。知識面だけでなく、手順やプロセスも重要なポイントです。仕事のやり方や、個人が発見した効率的な方法や手順など、暗黙的に実施していたことをチケットに起票することで、図や言語という**形式知となり、伝えることが容易**になるからです。

2つ目のメリットとして、資産になることが挙げられます。ノウハウがチケット管理ツール内に一元管理されて溜まっていくので、これらのチケットに書かれている対応策が資産になり、次の展開を生み出すことが可能になります。倒したタスクの種類や数から、いままでなんとなくわかっていたことが定量的で明確になります。現状どんな問題が多く発生しているのかの傾向がわかれば、ユーザーが陥りやすいポイントが絞り込まれてきます。そうなれば解決すべき優先順位もはっきりします。こういったデータが、システムの改修すべき点の提案の根拠となっていくのです。このように、資産をもとに作戦を練ることで、**場当たり的な対応の負のサイクルを断ち切る**きっかけとなるわけです。

3つ目は、ミスを防止でき、チーム全体での仕事の質が上がることです。チケットに起票しておくことで、タスクの情報が共有されるので、進捗やステータスが見えるようになり、タスクの遅延を確認できたり、抜け漏れの防止に効果があります。また、**今日やることなのか先送りすることなのか**といった判断もできるようになります。他にも、自分たちで解決できることなのか、他部署や上長にエスカレーションしなくてはいけないことなのかも明確になります。タスクの抜け漏れが減るだけでなく、タスクを**ベースにして仕事を転がしていく**ことが可能になるため、チーム全体での仕事の質が向上していくわけです。

そして、こなした量と状況が「FACT（事実）」としてわかることで、達成感もより強まるでしょう。チケットは全員が同じものを見られ、誰でも編集できるので、個別に戦っていた状態から助け合うような変化が生まれて、チームとして少しずつセイチョウするはずです。チームとしての成功体験が積み上がり、**チーム力が徐々に向上**していきます。

個人のノウハウがチームに共有される
- 業務知識や調査したこと、他部署から教わったノウハウ
- 仕事のやり方、自分が発見した効率的な方法

資産として活用できる
- 一元管理でノウハウが資産化
- 状況が見える化され、FACT（事実）をもとに作戦を練ることができる
- カイゼンが生まれる
- 対応が後手に回らず、予防策などが生まれる

ミス防止で全体の質が上がる
- 情報共有の抜け漏れ防止
- 進捗がわかるので遅延防止になる

チーム力が向上する
- 仕事のパフォーマンスアップ
- 達成感が生まれる
- チームとしてまとまっていく

図2-10　タスク管理ツールのメリット

情報や状況や進捗を見える化する：朝会と夕会

朝会と夕会で実現できること

朝会と夕会の説明に移りましょう。チケット管理ツールのメリットを活かすためには、コミュニケーションを上手に取る必要があります。チケット管理の効果を高めるためにも、**朝会と夕会を活用してコミュニケーションする場や仕組み**をつくり上げましょう。

朝会や夕会は、真希乃のようなマネージャーのためだけにあるのではなく、**全員でチームの状況を把握するためにあります**。チームとして受け止めた各インシデントやタスクの情報を共有し、どのような優先順位で対処するか、誰がどのように貢献しながら成果を出していくのかとい

うことを明確にさせる、いうなれば作戦タイムなのです。

また、顔を合わせて会話することで、おのおのの健康状態の確認や、タスクを抱え込みすぎていないか、エスカレーションすべきことがないかなどを把握でき、対策を打っていくことが可能です。

このように、朝会や夕会はメンバーと「同期をする」タイミングになります。すると、場当たり的にバラバラと対応するのではなく、策を用意して事に当たれます。**常に最新の情報に更新し、メンバー全員の合意を形成していく**ためのコミュニケーションの場となるのです。

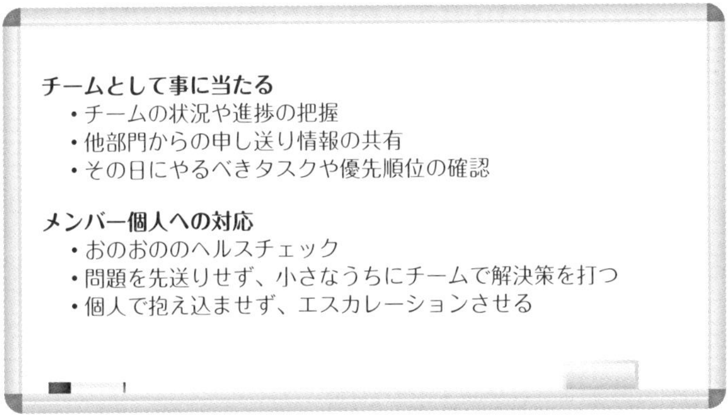

チームとして事に当たる

- チームの状況や進捗の把握
- 他部門からの申し送り情報の共有
- その日にやるべきタスクや優先順位の確認

メンバー個人への対応

- おのおののヘルスチェック
- 問題を先送りせず、小さなうちにチームで解決策を打つ
- 個人で抱え込ませず、エスカレーションさせる

図 2-11　朝会や夕会で実現できること

朝会・夕会の運営方法

朝会や夕会はホワイトボードや大型ディスプレイの前など、毎日**同じ時間に同じ場所で**、メンバー全員で集まりましょう。ディスプレイにチケット管理画面を表示し、その日のチームの問題やタスクと向き合うことで、状況ややることを全員で把握できます。

「3 つの問い」でタスクの状況や問題などについて各自が発言しながら、15 分以内で終わるように運営します。最初は管理職やマネージャーがリードしながら運営してもよいでしょう。とてもシンプルなので、数回も実施すれば誰でも運営できるようになるはずです。

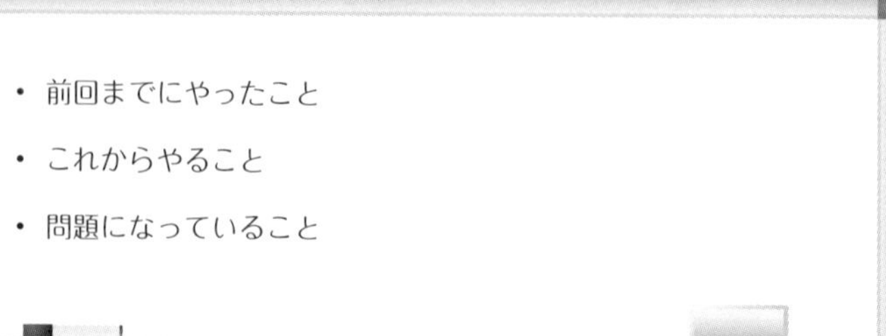

図2-12　3つの問い

朝会と夕会を両方とも実施する場合には、話す内容が同じにならないように工夫しましょう。夕会では、その日に実施している作業の中で問題になっていることを話し合い、**問題が小さいうちに対策を打つ**ことを目的とするのも１つの方法です。

メリットと副次効果

出社したけれども、その日１日チームの誰とも会話しなかった、ということはありませんか？ それではチームで働く意味があまりなく、チームの状況としては少し寂しいですね。そんな場合には、朝の挨拶から始めてみてもよいかもしれません。

前述のように、顔を合わせることで顔色や健康状態を把握できます。ときには不満のはけ口になってもOKです。不満を吐き出して共有できるだけでも、心身の健康状態を維持するためにはよいことです。どんどん出しましょう。**「このチームなら抱え込まなくて済むんだ」という安心感**はチーム力をアップさせます。

また、朝会と比較して夕会でメンバーの調子が変化していたら、その日の業務でよいことや悪いことがあったサインです。悪いニュースには気軽なコミュニケーションでチームとして対応し、よいニュースはチーム全員で喜び、資産に変えていきましょう。

こういった場ができあがりチーム力が上がっていくと、助け合いが生まれたり、効率を考えたり、経験者からの提案が生まれたりするきっかけが生じます。アドバイスし合う関係性の土台となるコミュニケーションが生まれるからです。

最後に、**よいチームを表す指標**を伝えておきましょう。それは、朝会や夕会の際、メンバーが誰かの後ろに隠れずに、**キレイな半円形**になっていることです。積極性がなかったり、後ろめたさがある場合には、誰かの陰に隠れたくなるものです。ディスプレイに表示されている問題に対して、メンバー全員で均等に並んでいるか、ときおりチェックしてみましょう。

図 2-13　朝会のセミサークル

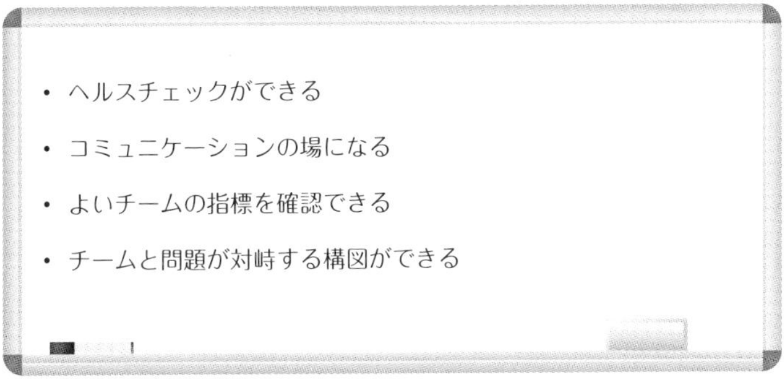

- ヘルスチェックができる
- コミュニケーションの場になる
- よいチームの指標を確認できる
- チームと問題が対峙する構図ができる

図 2-14　朝会・夕会のメリット

さらなる探求

手段よりも課題解決。現場がラクになるように

プラクティス導入のコツ

こういったチケット管理や朝会・夕会のような方法論のことを**プラクティス**と呼びます。アジャイルにはこれら以外にも様々なプラクティスが存在します。第3章以降でも随時解説していくので、多様なプラクティスをマスターしていきましょう。

物語の中で真希乃が「単なる伝書鳩ではダメだ」「何か新しいことを始めるときは、自分の言葉で意義やメリットを語れないと」と言っているように、プラクティスを単に導入しただけではチームに浸透させるのに苦労するでしょう。もちろん初めてのことなので、見よう見まねで構いません。**小さく始めて、導入までの労力や埋没費用を下げる**ことは重要です。まずやってみることで、たくさんの発見があることも事実です。小さく始める際には、前のめりになって関わってくれる仲間とともに、発見や気付きを楽しみながらカイゼンしていくとよいでしょう。自ら考えてやってみることで、**学びの感度が高まり、成功の質も失敗の質も格段にアップ**します。

ただし、否定派や後ろ向きのメンバーへと広げていく場合には、プラクティスや手段を前面に出すのは控えましょう。手段が目的になってしまうと、変化を嫌うメンバーにとっては手間でしかありません。作業を振ったり任せたりするのではなく、問題を解決することにフォーカスを当て、**一緒に問題を解決するために事に当たる姿勢**が大事になります。

そして、**現場の作業がまずラクになるようになることから始める**のもコツです。現場で課題となっているものから着手したり、緊急対応中であればチケット管理ツールをゲートにして受け止め、集中できるような

環境を整えたりするのもよいでしょう。

誰が見ても状況がわかるような仕組みをつくり上げることが大切です。現場のメンバーの奮闘や活躍に感謝の言葉をかけることも忘れないようにしてください。

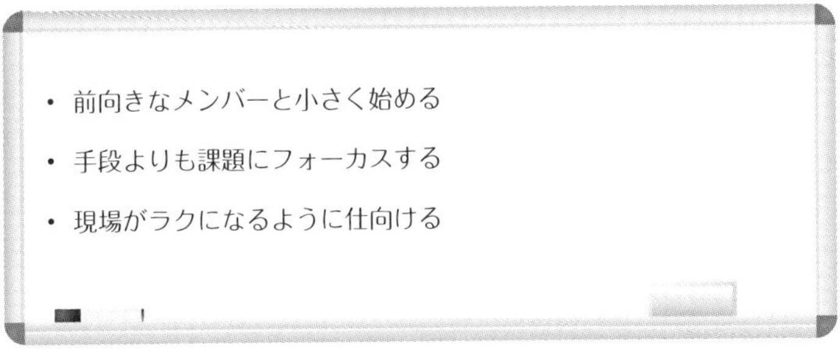

- 前向きなメンバーと小さく始める
- 手段よりも課題にフォーカスする
- 現場がラクになるように仕向ける

図 2-15　プラクティス導入のコツ

仕掛け人になるのは誰か？

これらのプラクティスの導入を仕掛けたり、チームで受け止める策や仕組みを講じることは、新たに赴任してきた真希乃のような新マネージャーが適しているでしょう。もしくは、**気が付いてしまったあなたから**でもよいのです。

別の部署からの異動だったり、書籍を読んでアイデアがひらめいたり、現場とは異なる視座や視点で俯瞰して見られる立場やタイミングを大切にしましょう。作業に集中している現場では、時間的な余裕や精神的なゆとりがないため、近視眼的になりやすく、新しい仕組みをつくるのはなかなか難しいことです。もちろん、現場発でもできる方法はありますが、それはもう少し先の物語の中で出てきます。

ここでの解説では、チームの作戦としてインシデントを受け止め、対応していくことで、後手後手になってしまうループを断ち切れることを見てきました。見える化するという策を打つことで、作戦を形づくる第一歩を踏み出せたわけです。しかし、経験豊富な葵の構想や思惑の全容は、まだ真希乃には把握できません。ちょっとしたトラブルも発生してきそうです。

第3章 抵抗

Keywords

・プラクティスとカイゼン　・やってみる
・ふりかえる　・ふせんとホワイトボードの活用
・ToDo／Doing／Done　・カイゼンサイクル

真希乃のしつこい働きかけの甲斐あってか、とりあえず運用チームのメンバーは全員、Backlogを使ってくれることになった。ヘルプデスクのトップ2（美香とさつき）にもBacklogの利用と朝会・夕会への参加をお願いし、承諾を得た。

2回目（2日目）の朝会。真希乃はBacklogの画面をディスプレイに投影し、メンバー全員で新たに登録されたチケットを眺めながら、担当者の割り振り、対応優先度や進捗の確認を行おうとした。……なのだが、チケットを起票しているのは真希乃と舞のみ。皆、Backlogを自分の端末にセットアップしただけでなかなか使おうとしない。

「すみません、忙しくてなかなかチケット書くヒマがありません……」

俊平はやんわりと開き直る。気持ちはわかる。しかし、それを許していたらいつまでたってもこの組織は変わらない。

「わからないでもないけれど、やってくれないと皆が困るからさ。よろしく」

プロパ（ハマナ・プレシジョンの正社員）がきちんとやらないことには、協力会社のメンバーにも示しがつかない。真希乃は強めに俊平を諭した。

美香とさつきは、一応朝会と夕会には参加してくれているものの、まだBacklogは使ってくれてはいない。すでにヘルプデスクでは独自の案件管理ツールを使っていて、ただでさえ目先の問い合わせ対応やサポートに忙しい中で複数のツールを使わせるのは無理があるという。確かに、その主張ももっともだ。ヘルプデスクメンバーの対応は、個別に考える必要がありそうだ。

そして渉。予想通り、真希乃の思惑通りには動いてくれない。朝会・

夕会も、終止ムスっとした表情で腕組みしている。

「原野谷さんも、Backlogを使ってインシデントの発生や進捗を報告してほしいのですけれど……」

恐る恐る様子をうかがう真希乃。正直、この手のタイプは苦手だが、向き合わなければならない。逃げちゃダメだ、逃げちゃダメだ……。

「……面倒くせぇな」

渉は舌打ちする。黒地のワイシャツが、渉の強面(こわもて)にさらにドスを利かせる。真希乃は目の前のふてぶてしい男に、改めてチケット管理を行う目的と意義を説明しようとした。ところが、次の瞬間。

「そんなことして意味あるの？」

真希乃をジロッとにらむ渉。もちろん意味はある。しかし渉は真希乃に説明する隙を与えず、続ける。

「結局、いつもいろいろな輩が突然声をかけてきたり、メール送ってきたりで、そのつど受け答えする羽目になる。自分の作業に集中させてくれ」

チケット管理ツールなんて使ったところで手間が増えるだけ。チケット（の文章）を書くだけムダだと言いたいようだ。

「正直、勘弁してほしい」

吐き捨てるように言い放つと、渉は再び真希乃から目を逸らした。

渉はこの職場での経験が最も長い。おそらく10年、いやそれ以上？以前は、開発チームでネットワーク設計もしていたと聞く。ハマナの認証基盤の経緯をよく知る人間の1人だ。態度は悪いが、技術力には定評がある。知識と技術があるがゆえに、誰も彼もが渉を頼る。運用統制チーム、ネットワークチーム、インフラ基盤チーム、監視チーム、開発チーム……ときには他部署に異動した人までもが渉を訪ねてやってくる。まるで「便利屋」であるかのごとく。それが、渉の態度を硬化させてしまっているのかもしれない。

とはいえ、いまのカオスな状態を放置するわけにはいかない。とにかく、Backlogをきちんと使ってくれ。インシデントの状況を一元管理したいんだ。そう真希乃が言いかけたそのとき。

「トラブルの発生状況とか、対応状況とか、1つにまとまっているととても助かります……」

ヘルプデスクメンバーのさつきが声を上げた。まだ入社3年目のさつきはリーダーの美香の陰で目立たないようだが、自分の意見をきちんと持っているようだ。

さつきは続ける。

・ヘルプデスクは、システムを使うユーザーのみならず、運用チームはもちろん、運用統制チーム、ネットワークチーム、インフラ基盤チーム、監視チームなど情報システム部門内の様々な関係者（以下、内部関係者）と連携して業務を回している
・ユーザーから受けた問い合わせやクレームのうち、ヘルプデスクが回答できないものは内部関係者にエスカレーションする（支援や助言を求める）
・内容によっては誰（どのチーム）にエスカレーションしたらいいかわからず困惑する。たらい回しにされることもある
・エスカレーションした問い合わせやクレームの、各チームの対応状況や対応優先度がわからない。ユーザーから「いつ回答がもらえるのか？」と聞かれて困ることも多い

問題はそれだけではない。

・認証基盤システムのトラブル、ネットワークトラブルなど、システムのトラブルが発生していてもヘルプデスクに共有されない
・これらのトラブルに対して、どのチームがどう動いているのかもまったく把握できない
・トラブルのみならず、システムの機能追加や仕様変更なども知らされないことがある（ある日突然変わっていて焦る）

・その結果、ユーザーに対して適切な受け答えや案内ができない

ユーザーとのやり取りを通じて、システムトラブルの発生や仕様変更を知ることもあるという。

「『ヘルプデスクなのに、そんなことも把握していないの？』って、ユーザーにあきれられることもあります。正直、結構ヘコむんですよね……」

さつきは切ない笑顔を浮かべる。

「ウチのチームだけBacklogでインシデントの情報を一元管理しても、効果は薄いかもしれないですね。関連する他のチームとも同じツールでやり取りできれば、情報共有や対応優先度の認識合わせがしやすくなるなぁ」

冷静に考察を述べる舞。確かに、いまX-HIMで発生しているインシデントの対応は運用チーム単独では完結しない。内部関係者と連携して対応する必要がある。また、他チームの管轄下で発生したインシデントの影響を受けることもある。お互いに、インシデントの発生状況を共有する仕組みは間違いなく必要だ。また、同じインシデントを相互認識できていても、対応優先度に温度差があって揉めることもある。運用チームにとっては「優先度高」でも、ネットワークチームにとっては「優先度低」だったり。この内部関係者間の不協和音も悩ましい。

いままでは、大規模なインシデントのみ運用統制チームが音頭を取って、各チームで連携して対応していた。あるいは気付いた人たち同士であたふたわちゃわちゃと対応していた。その場当たり的なやり方には限界がある。渉も、そのあたふたわちゃわちゃに巻き込まれて、突発的な相談事や問い合わせで心を失っているに違いない。

真希乃はうすうすその問題を感じていたものの、こうしてヘルプデスクなどフロントで対応するメンバーから指摘されると、改めてどうにかしなければと思う。そのような、問題の「景色合わせ」をする意味でも、やはり朝会や夕会のような場は大事だ。

「わかった、他のチームともチケット管理を統合できないか検討してみる！」

現状、チームによってインシデント管理の方法はまちまちだ。Excelで管理しているチームもある。舞が独自に仕入れた情報によると、運用統制チームもインシデント管理方法の改善を検討し始めたらしい。運用統制チームもまた、内部関係者との景色合わせやインシデントの情報共有や進捗管理には苦労しているはずだ。彼ら／彼女たちと結託すれば、Backlogの横展開はしやすいだろう。真希乃は、「話の持っていき方」に思いを巡らせた。

ただ、そのためには、まず自分のチームでBacklogを使ったチケット管理が徹底できている状況をつくらねば。

「とにかく、きちんとBacklogを使ってチケット管理をしてください！」

そこで朝会はいったん幕を閉じた。

＊＊＊

「チケット管理の様子はどう？ うまくいっている？」

その日の夜、真希乃は自宅のノートパソコンの画面と相対していた。ネットワーク越しに、葵の明るい声が夜更けのアパートの一室にやわらかく響く。

「一歩一歩ですね。なかなか思うようにいかなくて、困っています……」

眠る前のひととき。真希乃は寝巻き姿で、ありのままを答えた。Webミーティングを使って、自宅と自宅とをつなぐ。帰り際、真希乃が「相談したいことがある」とメッセージを送ると、葵はすぐさま「じゃあ、今夜リモートでつないで話そうか」と提案してくれたのだ。

真希乃は駆け足で、今日あったことを説明する。

「そうね。真希乃ちゃんのチームメンバーは、まだチケット管理のよさを実感できていないみたいね」
葵の指摘はいつも的を射ている。正直言うと、真希乃自身もまだチケット管理のよさを実感できていない。だから、メンバーにも自信を持って説明ができない。教科書的な話しかできない。無言でうつむく真希乃。
「『ふりかえり』をやろう」
ひときわ明るい声で、葵は沈黙を破る。
「ふりかえり？」
チームメンバーを集め、Backlogを使ってみて感じたメリットやデメリットを語ってもらう。ふりかえりの実施は、いまから1週間後。すなわち、来週の火曜日に行ってはどうか？ と葵は提案した。
「まず1週間、Backlogでチケット管理をやってみる。そして、ふりかえる。ふりかえりの結果、デメリットが多かったら、そのときは潔くやめちゃいましょう」
やめちゃいましょう？？？
意外なひと言に、真希乃は湯飲みを落としそうになった。チケット管理をようやく始めたばかりなのにやめるだなんて……。
「いい？ 新しいことを始めるには、抵抗がつきもの。誰しもいままでのやり方を変えたり、新しいことを始めるのは怖い、あるいは面倒くさいと思う」
真希乃は、渉が浮かべた面倒くさそうな表情を思い出した。あれが世の真実なのかもしれない。
「だからね、『どうしてもダメだったら、面倒くさかったらやめてもいいよ』って折り返し地点を設けるのも大事。そうすると、人は安心できる。ああ、やめられる選択肢があるんだな。だったら、やってみてもいいかなって」
なるほど、その折り返し地点がふりかえりというわけか。真希乃は葵の説明を、自分なりに咀嚼する。
「一度走り出したら、元に戻れないかもしれない。それが怖くて人は抵抗するの。でもね、実際にやってみると、その怖さは幻想だって気付く。ただ、見えない敵におびえていただけなんだなって」

見えない敵におびえる。目先の忙しさを理由に、新しいことに取り組もうとしないのも、もしかしたら見えない敵の恐怖から逃げる口実なのかもしれない。真希乃の頭に、今度は俊平の横顔がよぎる。

「それどころか、いざやってみると『ラクになった』とか『楽しい』とか感じて、新しいやり方のファンになったりする。それに自ら気付けたら儲けものね。そこから、組織はさらなる変化に向けて自走し始める」

さらなる変化に向けて自走し始める。その言葉は、真希乃をワクワクさせた。

「そのためには2つの『る』が大事。『やってみる』ただし、『ふりかえる』。人はふりかえりをしないと、変化を言語化できないし実感しにくい」

2つの「る」。真希乃はとっさに手元のメモ帳に書き留める。

「やりっぱなしはダメ。期限を決めてふりかえりをして、チームに変化の実感をつくる。『私たちはできるんだ』って成功体験を言語化する。そこから、組織のカルチャーは変わっていくの」

組織カルチャーを変えたい。葵の話を聞いていると、真希乃のモヤモヤもどんどん言語化される。

「真希乃ちゃんがリーダーとしてすべきは、チームに小さなユーザーエクスペリエンスをつくること。そして、変化することのファンをつくること。この2つじゃないかしら」

画面の向こうから、葵の熱意が伝わってくる。その熱意が、真希乃のハートのエンジンを回転させる。真希乃はいてもたってもいられなくなった。

ところで、ふりかえりをするのはいいが、メンバーから出た感想や意見をどうやってまとめよう……。

「さっそく、ホワイトボードが役に立つわね！」

そうか、ホワイトボードに書き出せばいいのだ。またも、真希乃の心の中を見透かしたような葵の的確なコメントに、真希乃は思わず膝を打つ。

「ありがとうございます！ さっそく、ふりかえり会を設定します」

真希乃は、明日、出社するのが楽しみで仕方がなかった。

＊＊＊

「チケット管理をやってみて感じた、メリットとデメリットをどんどん挙げてください」

1週間後。真希乃は葵のアドバイス通り、ふりかえり会を開催した。運用チームのメンバーとヘルプデスクの2名が会議室に集う。

この1週間、真希乃は心を鬼にして、些細な相談事でもとにかくBacklogに登録してもらうようメンバーを仕向けた。

「それチケットにして！」
「Backlogに書いて！」

こうして、ともすれば口頭やメールで済ませようとするメンバーを律した。おかげで、Backlogにはそれなりの件数のチケットが蓄積された。

「何かあるでしょう？ ここがよかったとか、こんなことが大変だったとか……」

真希乃はメンバーの意見を吸い上げようと鼓舞する。しかし、誰も手を挙げようとしない。無理もない。このチームのメンバーは皆、意見することに慣れていない。あるいは意見をすることをあきらめてしまった人たちだから。真希乃はすぐに気持ちを切り替える。

「じゃあ、いまからふせんを配ります。3分間。その間に、各自メリットとデメリットを書いてね」

こうしてピンク色と水色のふせんが配られた。ピンク色のふせんにはメリットを、水色にはデメリットや課題を書くよう指示する。まもなく、1人、また1人と手を動かし始めた。

「会議などで意見が出ないときは、一斉に書いてもらうようにするとイイわよ」

これも葵のアドバイス。なるほど。皆の前で発言するのはなかなか勇気が要るが、皆で同時に書き出すスタイルなら意見を出すハードルも下がる。

メンバーが書き出した、主なメリットとデメリットは次のようなものだった。

〈メリット〉

- 自分のタスクをチケットにしておくと備忘録になる
- チケットに登録した対応期限が近づくと、メールでリマインドしてくれるのがありがたい
- チケットの画面を見ながら、対応方針をリーダー（真希乃）や他のメンバーと相談しやすくなった。1人で抱え込まなくてよくなった
- チケットには番号が自動付与される。番号で他のメンバーと会話できてとても効率がいい
- 誰がどんなインシデントに対応しているのかがわかる
- ヘルプデスクから運用チームにエスカレーションしたインシデントの対応状況がわかる

〈デメリット〉

- いちいちチケットを書くのが面倒くさい
- チケットに何を書いたらよいのかわからなくて固まることがしばしば
- チケットが増えてきて、どれを優先して対応したらよいのかわかり

にくくなりつつある
・ヘルプデスクが使っている案件管理システムと、Backlogと2つ使わなければいけなくて大変

リーダーの真希乃自身もメリットを感じていた。

〈真希乃が感じたメリット〉
・メンバーがどのインシデントにどう対応しているのか、チケットを見れば進捗状況がわかる

すなわち、メンバーに対する進捗フォローがラクになった。真希乃は運用チーム着任初日のもどかしさを思い出した。皆、あたふたしているものの、誰が何をやっているのかわからなかった。助けようがなかった。チケットとしてインシデントが一元管理されていると、後から着任した人でも状況を把握しやすい。

ふせんに書き出されたメリットとデメリットをホワイトボードに貼り、皆で眺めてみる。すると、ポジティブな声が上がりだした。
「最初は面倒くさいと思ったけれど、やってみると意外と便利だって気付くものですね」
「自分では気付かない、他のメンバーが感じたメリットを知ることができますね」
言語化と視覚化によって、各自が感じた変化をチームの共通認識に昇華させることができる。チケット管理に対し、明らかに皆が前向きな気持ちになっていた。真希乃はふりかえりをすること、ホワイトボードに書き出すことの効果を実感した。
とはいえ、手放しで喜んでばかりもいられない。デメリットには真摯に向き合う必要がある。
とりわけ……

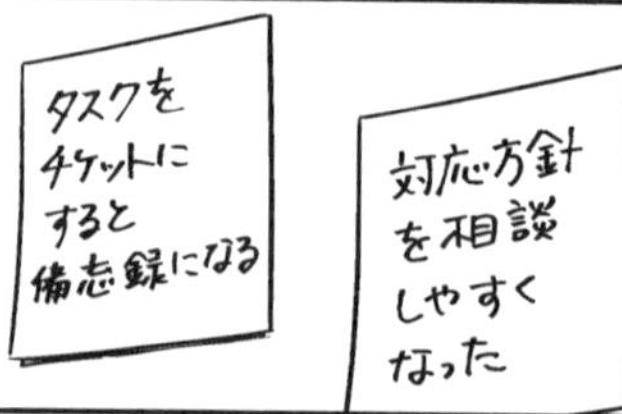

・チケットが増えてきて、どれを優先して対応したらよいのかわかりにくくなりつつある

　これは、真希乃も悩ましく思っていた。そのとき、舞が手を挙げた。
「真希乃さん、朝会か夕会で、チケットの対応状況や優先度を確認し合うようにしてはどうでしょうか？」
　なるほど。それなら、チケットの対応漏れも防ぐことができるし、タスクの進捗やインシデントへの対応優先度の景色をメンバー間で合わせられるようになる。
「舞さん、グッドアイデア！ それ、採用！」
　舞のポジティブな提案を、真希乃が断る理由はなかった。しばしメンバーと議論した末、真希乃は朝会・夕会の基本的な運用方法を次のように定めた。

①新規のチケットの内容を確認し、進め方や対応方針を決める
②未クローズのチケットの進捗を確認する。困りごとがあればその場で相談する
③優先度が高いと判断したチケットは、番号をふせんに書き出す
④その週に対応すべきタスクをふせんに書き出し、ステータス（対応状況）に合わせてToDo／Doing／Doneの欄に貼る（貼り直す）

①②はBacklogの画面を見ながら行う。③④はホワイトボードで行うこととする。

インシデント管理をITシステム（ここではBacklog）だけで完結させられれば理想だが、なかなかそうもいかない。アナログなホワイトボードと組み合わせることで、立体的にインシデントをとらえたり、そのときに優先すべきホットトピックスに対してメンバーの意識や景色を合わせることができる。

――なるほど、葵さんがホワイトボードを用意しろといったのは、こういうことだったのね。

真希乃はまだ新しい真っ白なホワイトボードに、自分なりの理解を重ねた。

問題整理

無力感を背景に、時間に追われ新たな手間に抵抗

真希乃が推し進めようとしているBacklogでのタスク管理。幸先よくはスタートできませんでした。これは、新しいプラクティスを導入しようとした際によく起こります。よかれと思ってやっているはずなのに、メンバーからの不満が噴出し、何のためにやるのかと追及され、余計な仕事を増やさないでくれと言われてしまいました。

今回の問題を少し整理してみましょう。図3-1のように、大きく3つの問題に区分できます。

プラクティス導入と現場の問題

まず、**「時間の確保」**に関わる問題です。これは新たなことを始める際に必ずつきまといます。チケットを書く時間を確保するよりも、目の前の仕事を倒すことに精一杯という状況です。

会社内にはIT系が苦手な人たちも多く在籍しており、複数のツールを使わせるのは管理面やスキル的に難しいといった現実もあるでしょう。この状況において、ツールの操作方法を学んだり、手順を覚えたりする手間が歓迎されるはずがありません。

次は**「組織の仕組み」**の問題です。いろいろなことが器用にできる人ほど周りから頼りにされ、至る方面から相談や仕事が舞い込んできてしまいます。忙しい人ほど、どんどん忙しくなってしまうパターンです。また、過去に現場からの訴えや提案を無視され続ければ、組織として健全な運営とはいえず、抵抗するのも無理はありません。

最後に、これら2つの問題に起因する**「感情」**の問題です。会社組織で活動することをあきらめている中でさらに忙しいと、心に余裕がなくなります。そうすれば非協力的になったり、感情が表に現れやすくなっ

たりします。潜んでいた問題がどんどん浮き彫りになっていくわけです。

しかし、これらのカオスな状態を放置するわけにはいかないですし、これまで述べてきたように場当たり的なやり方には限界があり、解決すべきです。

問題は抱えながらも、一元管理や情報共有、優先順位の認識合わせなどができたらいいなと多くの人が思っているはずです。こんな状況を打開できる魔法があったらいいなと思うかもしれません。しかし、魔法は存在しません。でも、その**きっかけになる方法論やプラクティス、手順は存在する**のです。

時間の確保

- チケットを書くヒマがない
- 新たなツールを使うのは手間が増える
- メンバーにスキルの差があり習得に時間がかかる

組織の仕組み

- 突発的な相談事や問い合わせへの対応が便利屋に集中している
- 複数のツールを使わせるのは管理面でムダ

感情

- 忙しすぎる、組織に対してあきらめの感情を持っている、といったことから心を失っている
- 朝会や夕会の際、ムスッとした表情や腕組みで非協力的な態度があらわ
- 現場の訴えや提案は無視され続けている

図 3-1　プラクティス導入にあたっての問題

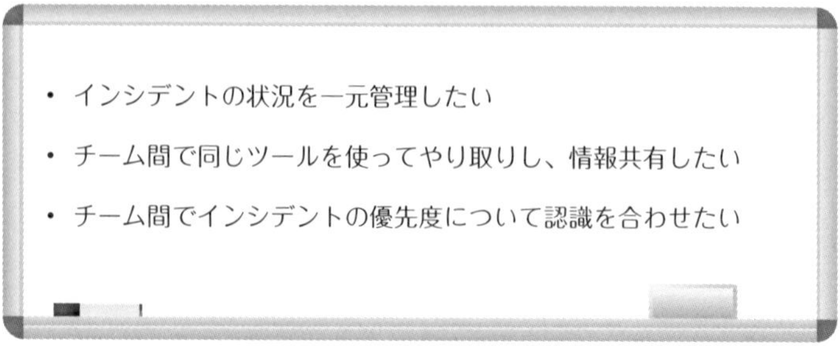

- インシデントの状況を一元管理したい
- チーム間で同じツールを使ってやり取りし、情報共有したい
- チーム間でインシデントの優先度について認識を合わせたい

図 3-2　みんなの望み

1つずつ、一歩ずつ、実施しながらカイゼンしていくことで、これらの問題に対処していくことができます。**「仕組みをプラクティス」で、「時間をカイゼン」で、「感情を成功体験」で解決**していきましょう。メンバー内に「変われるんだ」という気持ちの種をまき、「組織のカルチャーを変えられる」という自信をつけ、「変化を楽しむファン」になるきっかけを提供していくのです。

本章の解説では、図3-3のように2つの「る」＝**「やってみる」「ふりかえる」**と、**ふせんの活用法**について詳しく解説していきます。

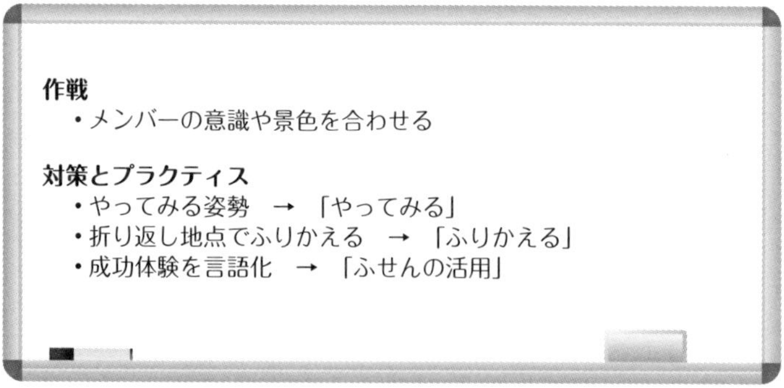

作戦
- メンバーの意識や景色を合わせる

対策とプラクティス
- やってみる姿勢　→　「やってみる」
- 折り返し地点でふりかえる　→　「ふりかえる」
- 成功体験を言語化　→　「ふせんの活用」

図 3-3　メンバーの意識や景色を合わせる

現場での実践ポイント

問題にまず合意してJust Do It：やってみる

「失敗を恐れない」「チャレンジしよう」「挑戦する」など、会社の標語でもよく見聞きする言葉ですが、背景や目的が腹落ちしていない中で実施するのは難しいでしょう。初めてのことに対しては未知の不安があり、見えない敵におびえてしまうのも当たり前です。

その際には、まずは**問題に合意する**ところから始めましょう。それから手始めに、試し撃ちしてみるのが有効です。未来永劫そのルールで実施するのではなく、**気軽に短期間だけ**試してみて、合わなかったら**止められる選択肢**があることを周知しましょう。

「やってみる」のやり方

「やってみる」のやり方として、とにかく**小さく少なく短く**していくことが大事なポイントです。いきなり全社展開は無謀です。小さい範囲で、少人数で、短期間で試してみましょう。物語の中でいえば舞のような、最初のフォロワーと一緒に始めて、メンバーを頻繁に鼓舞し続け、小さな気付きや発見を褒めながら一体となって楽しんでいきましょう。試行錯誤の末、自チームや少数のメンバーが**ラクになっている状況**や、**成功事例**を溜め込んでいければ、しめたものです。

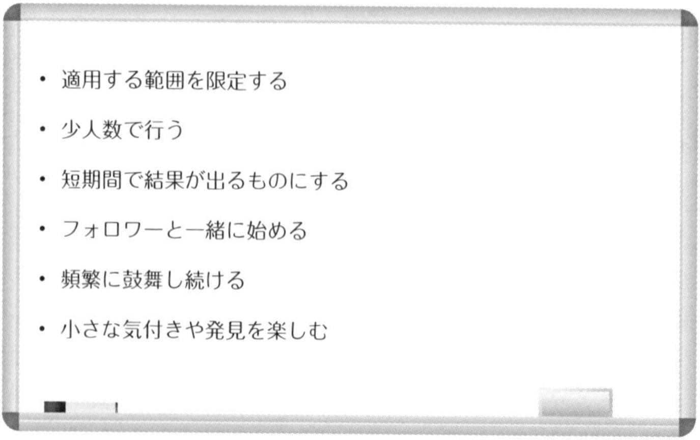

- 適用する範囲を限定する
- 少人数で行う
- 短期間で結果が出るものにする
- フォロワーと一緒に始める
- 頻繁に鼓舞し続ける
- 小さな気付きや発見を楽しむ

図3-4 「やってみる」ときは「とにかく小さく」が大事

メリットや副次効果

「やってみる」ことによるメリットとして、体感することでの気付きがあります。

まず、そのプラクティスを実行することが、たいしたリスクではなかったことに気が付くでしょう。短期間なので、**時間も、リソースも、精神の投入量も少なくて済む**からです。

たとえ**失敗したとしてもそれは学び**として強く残ることになり、経験として蓄積されていきます。今後発生する課題に対する適応力が上がっていくわけです。つまり、セイチョウできることが何より大きな効果です。自らのアイデアを実行したのであれば、責任感も強くなります。自分のアイデアをもとに、小さい意思決定を数多くこなすことでパターン化され、似たような状況に陥ったときに短時間で決断でき、仕事のスピートがアップするでしょう。

また、舞のようなメンバーに助けられる経験をするかもしれません。自分では気が付いていなかった問いや、悶々として言語化できていなかったことを、周りのメンバーが発見してくれるかもしれません。誰かが実施しようと声を上げ、推進していく「弾み車」は必要ですが、それを実施したときに寄せられる不満や質問に対しては、**周りが答えを出してくれることもある**のです。１人で孤軍奮闘していた状態から、**少しずつチームへと変化**していくわけです。

そして、誰にも確証が得られていないことをやってみると、仮説検証のスキルを高められます。仮説と実験と検証の繰り返しによる学びは、**机上で長考する思考法から脱却**させてくれるでしょう。ただしそのためには、次に解説するふりかえりという場が大事になってきます。

折り返し地点で体験を整理しよう：ふりかえる

ふりかえりで実現できること

「ふりかえる」ことで、やってみたことをやりっぱなしにせずに済みます。「そういえば、あのときアイデアが浮かんだったんだ」を放置してはいけません。**小さな違和感や気付きのセンサー**を大切にしましょう。その違和感をカイゼンへと昇華させていくことが、より大きな問題を解決していくことへつながっていきます。

また、ふりかえる時間や場が存在することで、気軽に試してみたことを継続するか止めるかを判断するポイントにもなります。継続する場合には、真希乃たちが朝会・夕会の運用方法を変更していったようによりよくカイゼンして継続し、よかったことをさらによくしていきましょう。また、よくなかったことの問題点を整理して、カイゼンのアイデアを同様に気軽にやってみましょう。ふりかえることによって、**問題がカイゼンされ、よかったことはさらによくなる**のです。

ふりかえりの手順

では、ふりかえる手順を詳しく説明していきます。

ふりかえりでは、**①データを収集する**、**②アイデアを出す**、**③何をすべきかを決定する**という大きな流れで進んでいきます。

まずは、「①データを収集する」です。その期間に発生した情報を集めます。「嬉しかった」や「楽しかった」などの感情的なことでも構わないので、思い出しながら情報を集めます。

次は「②アイデアを出す」です。集めた情報に対して、よりよくならないか、問題があれば解決できないか、アイデアを出していきます。

最後は「③何をすべきかを決定する」です。出したアイデアは実施しなくては何も変わりません。いつまでに誰がどうやって解決するか、アクションプランを決定するわけです。

真希乃のチームでは、メリットとデメリットをふせんに書きながら、次のカイゼンアイデアを舞が提案していましたね。

メリットや副次効果

ふりかえりをチームで実施することで、他の**メンバーの関心事**がわかったり、自分の盲点に気付くことができます。また、発言や提案に投票するようにすれば、自分が考えていたことが正しかったという確信も得られるでしょう。提案をしたメンバーは関心も高いため、モチベーションが高く、よいパフォーマンスを発揮してくれるかもしれません。

メンバーの多様性を活かし、多くの視点で物事を見ることによって、**様々な切り口でカイゼンができる**のがチームのよいところです。では次に、このふりかえりを実施する際のふせんという道具を探求していきましょう。

言語化と視覚化で共通認識に昇華：ふせん

ふせんを使って実現できること

ふせんを使うことで、**声の大きい人の意見がまかり通ることを抑止**したり、意見することに慣れていない**メンバーの考えを吸い上げる**ことができます。

マネージャーや上位職者が先に発言してしまうと、それが前提となってしまい、その後のメンバーが異なった考えを発言するのに勇気が必要になってしまいます。しかし、全員が同じタイミングでふせんに考えを表明することで、**平等な意見出しが可能**になります。モヤモヤや不安を言語化することは、誰にとってもたやすいことではありません。感情や思ったことなどを気軽に書くことから始めれば、徐々に慣れていくことでしょう。

ふせんを使った情報共有の方法

ふせんを使ったふりかえりでの情報共有の仕方を見ていきましょう。1枚のふせんには、1つのことを書くことが重要です。3つのアイデアが浮かんだら、1枚に箇条書きにするのではなく、3枚のふせんに書くということです。

5つアイデアが浮かぶ人も、2つだけの人もいるでしょうが、時間を区切った中で書ける範囲で構いません。とにかく、そこに書かれたことが**本人にとって最大の関心事**です。個人で記入する時間が終了したら、共有の時間に移ります。

共有する時間では、1人が1枚について話したら、次の人にバトンタッチします。例えば5枚書いた人も、最初のターンで話せるのは1枚ぶんだけということです。この仕組みにより、全員のアイデアを話す時間を確保できます。1人が喋り続けて共有の時間を使い切ってしまうことは避けましょう。全部一気に話した方が効率的に思えるかもしれませんが、大事なのは**全員の意見を聞く**ことです。チームなのですから、気付きを与えてくれる多様なメンバーの意見を大切にしましょう。

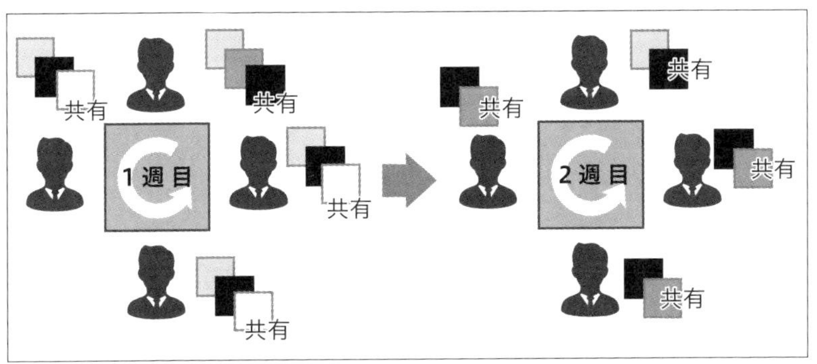

図3-5　共有するときは1人1枚ずつ

次はふせんの書き方です。**工夫次第で様々な使い方ができるのがアナログツールのメリット**です。仕事を楽しくさせる工夫を、ふせんを通してのぞいてみましょう。

ふせんというと「書いて貼る」だけと思われがちですが、色、形、大きさ、フォーマットを工夫することで表現は自由自在です。上下左右の四隅、アンダーライン、丸数字など書き方を工夫すると、情報量と理解度が格段にアップします。重要な要素は、アンダーラインを引いたり、四角で囲んだり、☆マークをつけて目立たせましょう。タスクのアクションプランに重要な要素として「いつまでに」「誰が」「何を」といったものがありますが、これらもふせんの小さいスペースに記載できます。また、絵心のあるメンバーがいれば、イラストを添えると現場のテンションはさらに上がります。現場のコンテキストに合わせれば、工夫は無限大なのです。

また、ふせんは複数の種類を用意しておくとよいでしょう。様々なタイプのものが販売されていますが、最低限、図3-6に挙げたものを用意しておくことをおすすめします。**情報の種類やカテゴリーによって使い分けることで、情報の認知性がアップ**するからです。ふせんはホワイトボードに貼ることが多いですが、大切な情報がはがれ落ちていつの間にかなくなってしまわないように、**粘着力が強いもの**を購入するとよいでしょう。

大きさ	75 × 75mm、50 × 50mm、75 × 25mm の 3 種類
色	黄色、オレンジ、水色、ピンク、黄緑の 5 色
粘着力	強粘着

図 3-6　あると便利なふせんの種類とふせんの書き方のフォーマット

メリットや副次効果

ふせんを使うことで、「こんな効果もある」ということを見ていきましょう。

まず、見える化することで、議論が**言葉だけの空中戦にならない**という利点があります。視覚から入ってくる情報と言葉の両面からコミュニケーションすることにより、**情報の解像度**が上がっていくのです。それから、情報がふせん上にキーワードとしてあることで、ムダな口論がなくなります。言い回しが少し異なるだけで同じ理想を目指していたことなどが判明しやすくなるからです。

別のメリットとして、意見の整理につながります。おのおのの書いたふせんをグループ化したり、時系列で並べたり、カテゴリー名をつけたり、因果関係の関連を結んだりと、「あーでもないこーでもない」と言いながら気軽に貼り替えられます。言葉だけのやり取りでは共通認識を得にくいことを、図解するように表現しながら整えることができるのです。

もう1つ大きなメリットがあります。それは思考です。おのおのが思っていることを短い文章にすることで、言語化するクセがつきます。また、書いていることと、共有する際に話していることの内容が飛躍してしまうこともあります。書いている本人ですら明確に言語化できていないことがあるということです。こういうとき、大事なキーワードがどこかに隠れていて、そこに**問題の本質が存在している**ことがあります。さらに、ふせんと会話によって生まれる新たなアイデアが他のメンバーの刺激になり、Aというアイデアと B というアイデアを対立させるのではなく、C という**新たなアイデアが生まれる対話**へと発展することもあるでしょう。

さらなる探求

適材適所のプラクティスの相乗効果

三位一体の相乗効果

1つのプラクティスだけでも効果はありますが、複数のプラクティスを同時に実行することで、より効果が高まります。

まず朝会と夕会でコミュニケーションの質と量がアップします。雑談や挨拶のレベルでも、チームがより人間らしい営みに変化していきます。

そして、Backlogやふせんなどの見える化により、状況把握ができたり、問題の合意形成ができるようになります。物理的なふせんやホワイトボードを使うか、Backlogなどのデジタルツールを使うかは、関心事によって使い分けましょう。ホワイトボードのように、**首を振れば物理的に見える状況がある**のは捨てがたいものです。アナログツールとデジタルツールを両方使うことで、多角的に物事をとらえることも可能になります。

さらに、ふりかえることで問題解決能力がアップします。見える化で合意したことや、問題に対峙している構図から、メンバーの意見や提案が出てくるようになります。マネージャー1人の能力がチームのボトルネックにならずに済むのです。

つまり、複数のプラクティスを適材適所で活用することで、さらなる効果が得られるというわけです。**朝会と夕会、見える化、ふりかえりの三位一体の相乗効果**でプロセスはカイゼンされ、チーム力がつき、パフォーマンスがアップしていきます。

結果的に、メンバーが見ている意識や景色が立体的に合わさり、「自分ごと」として変化を楽しむことができるようになり、**組織カルチャーの変化**へと発展していきます。まだ、その兆しが真希乃のチームには現れていませんが、非常に大きな一歩を踏み出したのです。

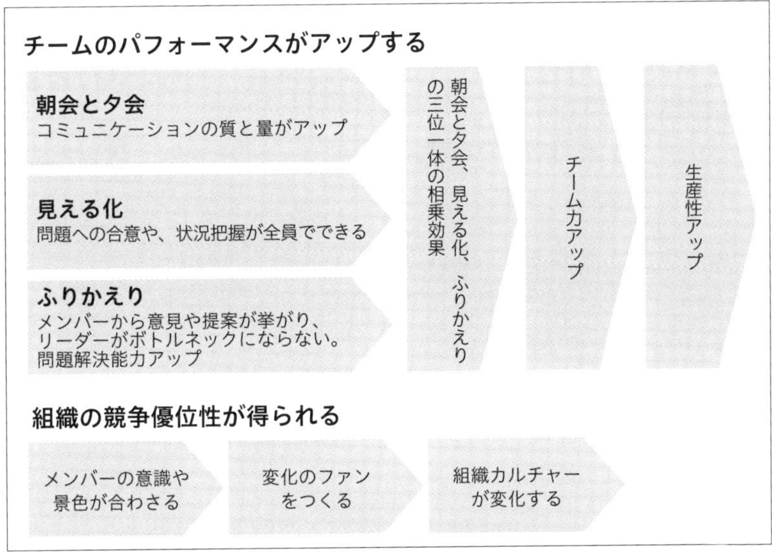

図 3-7　プラクティスの相乗効果

C O L U M N

カイゼンサイクルが回らない？

「やってみる」と「ふりかえる」。そのサイクルを身につけることによって、**問題を先送りしない体質**をチームで手に入れたいものです。しかし、世の中にはPDCAサイクルやOODAループなど様々な方法論があるにもかかわらず、「チームで上手に活用できていないんだよなぁ」というのが本音ではないでしょうか？

ここでは、カイゼンするためのサイクルを上手に回す4つの問題点と、それをクリアするコツをお伝えします。

①そもそも重い腰が上がらず放置され続けている

放置され続けている場合には、まず、**最初の手軽な一歩の手続き**を具体的に1つ決めてしまいましょう。**行動に移行するためのアクティベーション**（スイッチを入れること）のきっかけになる軽い作業を、1つ決めるということです。

例えば、自宅での洗面台の汚れや家電類のホコリが気になっていても、なかなか掃除に着手できないという人もいるでしょう。しかし、一度テレビのホコリをティッシュで拭いてみたら、いろいろなところが気になり始め、手が汚れているついでにあっちもこっちもと、気が付いたら掃除に数時間も費やしてしまったという経験はありませんか。この「ティッシュでテレビを拭く」ような手軽な手続きを1つ決めることによって、面倒くさくて放置していたことがアクティベートされ、重い腰がすっと上がるのです。

ふりかえりなどで出てきたアイデアのアクションプランに対して、100点満点のゴールや綿密な計画ではなく、「0点を1点に変える」ような最初の一歩の手続きだけ決めてしまいましょう。

②大計画主義になって実行に移せない

失敗への恐怖や、ムダなことを極力避けたいという思考が原因となっているかもしれません。そうすると、念入りに網羅的に調査し、細かな計画や手順を机上で積み重ねて、リスクや懸念点を意識しすぎた大計画を立ててしまうことになります。

このような場合には、計画ではなく、**軽い実験**という位置づけにしてみましょう。小学生のときに理科でやっていた実験のような感覚で構いません。実験であれば、心理的なハードルも下げられます。また1週間などの短いサイクルで回すことにすれば、小さな実験しかできなくなるので、そもそも大計画が立てられなくなります。

③実施することが目的になってしまい、やりっぱなしで評価ができていない

本来であれば、綿密に計画を立て、何を指標にして評価するのかも決めてから進めるのが理想でしょう。しかし、スキルや状況によってはきちんと計画をするのが困難かもしれません。そうあれば、②と同じように実験モードに切り替えましょう。

実験する際には、**仮説を立てる**ことが重要です。「酸っぱい食べ物は酸性だろうから、リトマス試験紙が赤く変色するだろう」というのが仮説です。「こうすると○○に変化するだろう」「これをやってみると○○の反応があるはず」という仮説が正しいかどうかを実験していくのです。

例えば「ふせんが増えてきて、どれに着手していたかわからなくなってきた。だからふせんの形を雲形にして、『イマココ』の注意を引けるか実験する」といった方法です。もしうまくいかなかったら、太いペンで「イマココを示す矢印」にカイゼンする。それでもうまくいかなかったら、よく話題に上るアニメのキャラクターのシールを貼ってみるなど、些細な実験を繰り返して検証していくのです。すると、「全員の目線が揃い、朝会などでの現状把握の漏れが削減できている」という**ゴールに近づいているか**を評価できるようになっていきます。

④仮説も計画もなく手探りで進めないといけない

「初めてやることで右も左もわからず不安だらけ」「忙しすぎて何をどうすればよいのかもわからない」といった場合には、計画や仮説も放っておいて、まずやってみた**結果のファクトという事実の数値や状態を記録する**ところから始めてみましょう。どれくらい時間がかかったか、何工程かかったか、どういう変遷をたどったか、それぞれのフェーズにおいてどんな発言があったか、などを記録していきます。

これらが、2周目、3周目を実施する際のベンチマークとなります。簡単に言えば、比較対象ができるわけです。基準ができれば、セイチョウをより体感しやすくなるでしょう。

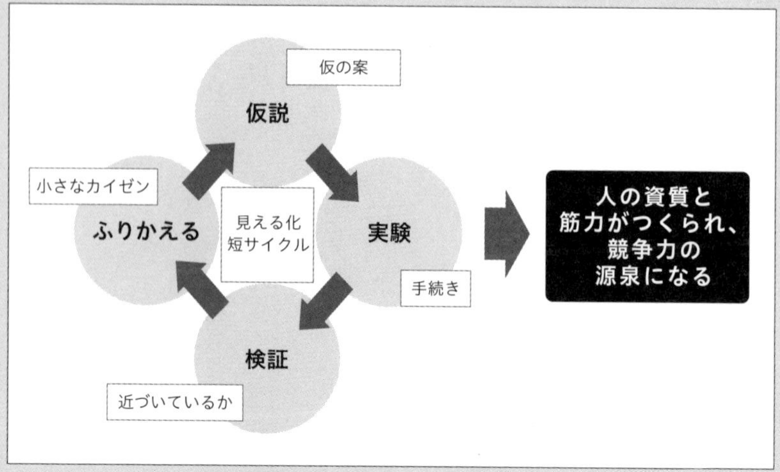

図3-8　カイゼンサイクル

このように、どんな些細なことでもよいので、小さく実験していきましょう。習慣として身につけば、長期的にふりかえったときに、大きなカイゼンの成果になっているはずです。

そして、小さなカイゼンを繰り返し、行動力やセイチョウという実績をつくり、信頼感を上げていくのです。その結果、小さな気付きを発言するスキルや、提案を受け入れたりする傾聴のスキルも同時に上がっていきます。

「提案しているんだけど、上司にまったく受け入れてもらえない」「ウチのメンバーはチャレンジを全然しない」と嘆いているなら、**小さなカイゼンサイクルを1つ回してみる**ことから始めてみましょう。

知的好奇心や妄想することを楽しみながら、自らの知恵を絞ってカイゼンし、自分の行動によって状況が変化していくセイチョウは嬉しいものです。同じところをぐるぐる回っているように見えても、実は螺旋階段のように1段上のステージに上がっているのです。こういった資質がチームで**効果的に成果を出し続ける競争力の源泉**となります。地道にチームに小さなユーザーエクスペリエンスをつくり出し、カイゼンのファンを育てていきましょう。

第4章 変化

Keywords

・インシデント管理
・チームを越えたコミュニケーション
・成果よりも変化　・1人で悩まなくていい

週明け、真希乃の職場にちょっとした変化があった。

運用統制チームが、Backlogを使いたいと言ってきたのだ。なんでも、情報システム部全体の運用管理方法を統一していきたいとのこと。

現状、真希乃が率いる認証基盤運用チームはもちろん、ネットワークチーム、インフラ基盤チーム、監視チームなどおのおののチームが、おのおのの方法でインシデント管理や課題進捗管理を行っている。あるチームはShare Pointで、あるチームはRedmineで、あるチームはSQLで、あるチームはExcelで、そしてまたあるチームは口頭指示と個人の記憶力頼みで（もはや管理できているとは言いがたいが……）。

これが、チーム横断のコミュニケーションを難しくしている。例えば、ある認証トラブルが発生したとする。そのトラブルは、1チーム単独では解決できそうにない。協議の結果、認証基盤運用チーム、ネットワークチーム、監視チームで連携して原因の究明と解決策を検討することになった。ところが、おのおののチームで管理方法が異なるため、

・チーム相互で対応進捗状況がわからない
・トラブル対応の優先度も異なる

このようなズレが生じる。認証基盤運用チームは「優先度：高」で対応しているものの、ネットワークチームでは後回し。それどころか、ネットワークチームの担当者にトラブルの進捗状況を聞いても「え、そんなトラブルあったんですか？」「聞いてないです！」と返ってくる始末。「あ、これからやります……」と、まるで残念な蕎麦屋の出前のような返答をする担当者もいる。この手の、景色違いや温度差によるヒューマントラブルが日常茶飯事だ。

今後は運用管理方法を統合し、すべてのチームが同じインシデント

管理、チケット管理の仕組みを利用する。そして運用統制チームが中心となって、担当チームのアサインや進捗管理をできるようにしたい。チーム間で進捗状況も見えるようにしたいとのことだ。

真希乃の問題意識も同じだ。運用統制チームの考えには大いに共感する。

「IT統制上も問題でね……」

運用統制チームのリーダー、鴨江天馬(かもえてんま)はぼそっと付け加える。

いつ、どのようなインシデントが発生し、どのチームの誰がどう対応したか？ アプリケーションのプログラムやバッチなどの処理にどのような変更を加えたか？ その作業をいつ誰が承認したか？ など、監査部や監査法人に必要に応じて説明できるようにしなければならない。社内でも「ガバナンス」がうるさく言われ、日に日に統制管理が厳しくなる一方である。ところが、いまのやり方では、対応履歴も承認履歴もまともに残っていない。インシデント管理、チケット管理のやり方を統合し、徹底すれば監査対応もラクになる。

「いままでが、なあなあすぎたよね」

そろそろなんとかしないとヤバい。天馬の所感に、真希乃も大きく頷く。何より、真希乃は自分のチームの取り組みが認められたことが嬉しかった。「先行者利得」。そんな五字熟語が頭の中をよぎる。新しい取り組みをいち早く始めて、小さな成功体験をつくる。そこから、変化のファンが生まれる。こうして組織は変わっていくのだなと、ちょっぴり実感した。

……と、その感動をリーダーだけが独り占めするわけにいかない。真希乃はその日の夕会でさっそく、部内のインシデント管理がBacklogに統合される旨をチームメンバーに共有した。

「それは助かります！」

舞は真っ先に明るい声を上げた。彼女は、いつも他チームに積極的に声をかけて動いている。トラブル対応時はもちろん、日頃から技術的な質問や情報交換を、他のチームのエンジニアとしている。同じシステムで、同じ画面上で他チームとやり取りできるのはとてもありがたい。舞は力を込めて語る。

「ありがたい！ これで、いろいろなチームに対応状況を聞き回らなくても済むようになりそうです……」

さつきもポジティブな反応を示す。いままで（いまでも）、ユーザーからの問い合わせやトラブル連絡に対し、各チームにエスカレーションしてもたらい回しにされたり、後回しにされたりと散々苦労してきたからだ。それがラクになるのはありがたい。

はしゃぎ気味の後輩を、美香はクールな様子で眺めている。「そんなにうまくはいかないわよ」と言いたげな視線で。

俊平は相変わらず、自分のノートパソコンをカチャカチャいじっている。真希乃の話を聞いているのか、聞いていないのかよくわからない。そして、渉もこれまた相変わらずムスっとしている。

とにかくこれは大きな前進だ。成果より変化。まずは、チームと周囲の変化を前向きに受け止めよう。とはいえ、とどまってはいられない。真希乃のチーム自身をさらにセイチョウさせていかなくては。

口頭報告で済ませようとするメンバー（俊平と渉）には、いったん話は聞くものの「Backlogに書いて！」「それ、チケットにして！」を口癖に、Backlogを使うようしつこく仕向けた。

あるWeb制作会社の社長は、休憩スペースや廊下など、オフラインの場で社員から受けた提案や「たまたま聞いた」意見について、決してその場で判断しないという。その場にいない社員に不公平、なおかつ記録が残らないからだそうだ。真希乃は、そのマネジメントスタイルはとても健全だと思った。

たまたまそこにいる人だけや、声の大きい人だけの「井戸端」で情報共有される、あるいは意思決定される「井戸端型意思決定」スタイ

ルは不健全である。そこにいない人、輪の中に入る勇気のない新入社員や初心者はのけものにされてしまう。そんなチームで、主体性を持って働くことができるわけがない。

ホワイトボードを使った朝会と夕会。最初はぎこちなかったが、徐々にチケット対応の進捗や優先度の景色をメンバー間で合わせられるようになってきた。チームのメンバーのモヤモヤも少なくなってきた気がする。

「チケットに書いておくと、朝会や夕会で誰かがフォローしてくれる。やり忘れを防ぐことができますね」

これも舞の感想。

なるほど。チケット管理&朝会・夕会は、メンバーがタスクを安心して忘れられる仕組みなのかもしれない。いままではインシデント対応やタスク管理を、個々人の瞬発力、記憶力などのセルフマネジメントに頼っていた。それでは組織として脆弱だ。人は忘れる生き物だ。たとえ忘れても、チームや仕組みがリマインドしてくれる。これは健全なマネジメントだ。

「理不尽なクレームやトラブルも、書くことで心を落ち着けることができる」

「自分だけで抱えなくて済む、安心感がある」

舞以外のメンバーも次々にポジティブな感想を述べ始める。

確かに。書く行為を通じて、事象と感情を分けることができる。冷静に物事を見つめられる（書きなぐるだけでストレス解消にもなる？）。何より、自分1人だけで抱えなくてもよい安心感は、何物にも代えがたい。

「1人で悩まなくていいんだよ」、真希乃はそんなチームをつくっていきたい。そのためにも、仕組みと仕掛けを強化してメンバーを守っていかなくては。

しかし、まだ情報共有がスムーズとは言いがたい。ちょっとしたヒヤリ・ハットや気付きを、せめてチームメンバー間だけでももっと気軽かつ迅速にやり取りできないものか。葵への次なる相談テーマが決まった。

「そうね。そろそろチャットを使ってみたらどうかしら？」

葵の回答はいつも明快だ。SNSメッセンジャーで聞くと、すぐ返事が帰ってくるのも嬉しい。

ビジネスチャット。葵の職場ではSlackを使っているらしい。真希乃もSlackという言葉は聞いたことがある。主に、ITエンジニアが情報共有やプロジェクト管理のためのコミュニケーションのために使っていると聞く。確かに、チャットならメールと違い「わざわざ作文する」手間や心理的な抵抗感もなくなるし、スピード感を持って会話のキャッチボールができそうだ。真希乃はプライベートで使っている

LINE や、いまこの瞬間も葵とやり取りしている SNS メッセンジャーを想像した。
しかし、果たしてレガシーな真希乃の職場にチャットが馴染むのだろうか？ それ以前に、上司が導入に Yes と言ってくれるか？
「抵抗にあうかもしれないけど、それも経験。まずは試してみたら？」
またもや真希乃の心の中を見透かしたようなメッセージが、スマートフォンの小さな画面に綴られる。葵の言う通りかもしれない。抵抗を恐れていたら変革なんてできない。そして、抵抗に向き合うのも貴重な経験だ。

「小さくやってみる。そして、変化のファンを増やす」
眠る前のひととき、葵が最後にくれた言葉を真希乃は何度もかみ締めた。

＊＊＊

次の月曜日の朝。真希乃はさっそく、Slack の利用許可を課長の掛塚に求めた。しかしながら、やはり猛烈な反対にあう。
「はあ、チャット？ 遊びのツールだよね」
「セキュリティ事故が起こったらどうするんだ」
「メールでいいだろう。メールを使いなさい」
けんもほろろ。真希乃もうまく反論できない。
「何かあっても、僕は責任を取れないし、取りたくない」
こうしてあえなく否決された。
「責任を取るのが、あなたの責任でしょう」
真希乃はそう言いかけてやめた。以前の真希乃だったら、売り言葉に買い言葉で突っ走ってしまったであろう。しかし、ここで掛塚をいたずらに敵に回すのは得策ではない。何より、この抵抗は想定内だ。ここから戦略を練らなくては。

深呼吸し気持ちを落ち着けようとする真希乃。ところが、それでは終わらなかった。掛塚の次のひと言が、真希乃を再び怒りの淵に追いやる。

「そういえば、キミたちのチームで使っているホワイトボードだけれど……」

……？ いったいどうしたというのだろう？ 真希乃はちらりと振り返り、ホワイトボードを遠目に眺める。今日もふせんや、手書きの文字がにぎやかに踊っている。

「至急、片付けてもらえないかな。散らかっている感じがして、事務所にふさわしくないって部長がおっしゃっていてね」

COLUMN

チケット管理は、組織の「判例集」

チケット管理の役割とメリット

- 「起こっていること」を一元的に把握する手段として
- 作業履歴や対応履歴を記録するツールとして
- 個人と組織の備忘録として
- 非同期型の報告／連絡／相談の場として
- 「1人で抱えない」「1人で悩まない」ための仕組みとして
- 新人育成のための活きた教科書として
- 組織内の「知識のありか」（誰が知っているか）を示す宝の地図として
- カイゼン提案を風化させない仕組みとして

チケット管理は使い方次第で、様々な役割を持たせることができます。そして、あなたのチームに様々なメリットをもたらします。その1つが、判例集としてのメリット。

「似たような要求、前にもユーザーから受けたな。あのときどう対応したっけ？」
「このクレーム、どうやって断ろうかしら。以前、名塚さんが受けていたけれど、名塚さんもう退職しちゃったから聞けないし……」
「このシステムトラブル、なんでわざわざこんな手間のかかる手順で対応するのかしら？ 何か理由があるはずだ……」
「ネットワークトラブル発生！ ええと、何をすればいい？ そもそも、誰と誰に声をかければいいの？ この前も似たようなことがあったけれど……あああ！」

日々仕事をしていて、このような「もどかしさ」に直面していることでしょう。この「もどかしさ」は、不要なストレスをあなたとメンバーに与えます。毎回、受けた人が1人であたふたして、1人でナントカしようとする。ううむ、実にアンヘルシー（不健全）。あるいは、そのつど、関係者と思われる人を全員集めて、ゼロから考える。労力もかかり、スピードも損なわれ業務の品質も安定しません。常に「都度対応」では、人を育成することもできないでしょう。

場当たり的な対応が、「以前と対応が違う」「過去の担当者は対応してくれたのに、なんであなたは対応してくれないんだ！」など新たなトラブルの火種になることも。こうして時間も精神力も削られます。

チケット管理は、きちんと運用すれば、このような「都度対応」「場当たり対応」のムダやストレスを減らすこともできます。では、きちんと運用するとはどういうことか？

その判断の背景や経緯を書き残す

・なぜ、そのインシデント（トラブルやクレーム）が発生したのか？
・なぜ、その対応をとることにしたのか？ 制約条件は？

・その判断に至る過程で、どのような議論がなされたのか？ 誰がどう判断したか？
・その措置は暫定的なものか、恒久的なものか？
・その措置が暫定的なものである場合の、終了条件は？

これらのバックグラウンド情報を記録しておけば、のちに類似のインシデントに遭遇した際に、担当者は過去の知識をたどり適切な対応を講じることができます。

チケットに残されたバックグラウンド情報は、いわばその組織における「判例集」です。判例をたどることができれば、組織としての判断もブレないですし、担当者が毎回ゼロから対応を考えて頭を抱える必要もなくなります。背景が書かれていれば、当時との差分を考慮した適切な判断をすることもできます。すなわち、組織の行動のアップデートを促すツールにもなるのです。

少し話は逸れますが、筆者（沢渡）が企業に勤めていた頃の印象的なエピソードを1つ。海外出張後の旅費申請のお話。

その会社では、成田空港への往復に有料特急の利用が認められていたのですが、私の住まいは特急通過駅だったため代わりに快速列車を利用することに。快速列車は特急列車よりも遅く、30分以上余計にかかりますが、途中駅で特急に乗り換えずに空港に移動できるためラクです。とはいえ、追加料金不要の快速は一般の通勤者も利用します。座れない状態で2時間近く移動するのはさすがにつらい。朝のラッシュ時に大荷物を抱えて一般車両に乗るのは周りに迷惑をかけ、CSR（企業の社会的責任）の観点からもよろしくない（そもそも混みすぎていて乗れないリスクも大きい）。そこで、私は快速列車に組み込まれているグリーン車を利用することにしました。

グリーン車は特別料金はかかるものの、リクライニングシートで快適に移動できる。何より、グリーン料金は特急料金より片道で1,000円以上安く済みます。つまりコストメリットもある。

旅費申請システムで申請したところ、後日経理担当者から「差し戻し」。聞けば「特急はOKだが、快速グリーン車はNG」とのこと。特急利用より安いにもかかわらず。事情を説明したところ、経理担当者から次の回答を得ます。

「なるほど。特急自由席のようなものと理解すればいいですね。であればイケそうです。上司と相談して回答します」

まもなく「承認」のメールが。旅費申請システムの画面を開くと、コメント欄に次のメッセージが残されていました。

「上司と相談しました。特急自由席同等と考え、快速グリーン車利用はコスト面でも妥当と判断。承認します」

私は思わずガッツポーズをしました。これは、いわば組織の「判例」です。

これまでのルールや常識にとらわれず、上司にかけあってくれた経理担当者、柔軟に判断してくれた経理部門に感謝。そして、その判例をシステム上に残してくれたことにも大いに感謝。

以降、海外出張の申請がスムーズになりました。その画面のキャプチャを添え、「前回同様、快速グリーン車の利用を承認願います」のひと言で、別の経理担当者もスムーズに承認してくれるように。判例があるから、揉めることはありません。やがて、その判例は経理部門の内部にも新しいルールとして定着したようで、説明すら不要になりました。

以上、IT組織におけるチケット管理とは少し話が異なりますが、チケット管理ツールの「判例集」としての使い方とメリットもおわかりいただけたかと思います。

「3月22日　対応完了しました。相良」

このような作業実施記録の羅列だけでは、判例集としては機能しません。判断の背景や経緯を書き残すナレッジマネジメントツールとして、ワンランク上のチケット管理を目指しましょう。単なる作業履歴記録ツールではもったいない！

問題整理

日常茶飯事のヒューマントラブル

ホワイトボードとSlackの導入を上司から反対されてしまいました。上司には上司の関心事が存在したのでしょう。問題に合意してその解決手段を導入する方法は、もう少し物語が進んでから解説します。

本章の解説では、運用統制チームにBacklogを利用してもらい、**さらに多くのチームに広げていく方法**を取り上げます。この方法はツール類を広めていくときだけではなく、アジャイルやプラクティスを広めていくことにも通じますので、しっかり身につけておくとよいでしょう。

まずは、真希乃のチームや周辺で起こっている問題を整理してみます。それぞれのチームが独自のツールや方法で、インシデントや進捗の管理を行っていました。これでは、お互いのチームで対応状況や進捗、優先順位を把握できません。最終的に顧客に対応するヘルプデスクでは、対応状況がわからないため、様々なチームに聞き回らざるを得ません。最終工程にしわ寄せされるわけです。また、トラブルの優先度も不明なため、忘れられているのか、後回しになっているのか、すぐ解決できることなのかも判断できません。緊迫度や優先度の認識のズレから、「言った言わない」の話になってストレスを抱えたり、チーム間での人間関係を悪化させることにもつながります。

こういったチーム横断のコミュニケーションを難しくしている原因を解消しなくてはいけません。この対策として、すべてのチームがチケット管理の仕組みを利用して、インシデント管理をしていくのがベストの策でしょう。チーム間で進捗状況の透明性を上げて把握できるようにし、運用統制チームが中心となってインシデントの対応に当たります。運用統制チームは担当チームのアサインや進捗管理、状況把握に努めていくことで、**トラブル解決の道筋**が見えてきます。軌道に乗れば、日常的に起きていたトラブルを徐々に減少させていくことができるでしょう。

状況
- おのおののチームが、おのおのの方法でインシデント管理や課題の進捗管理を行っている

問題
- 認識のズレで温度差によるヒューマントラブルが日常茶飯事
  - チーム間で対応の進捗状況がわからない
    →いろいろなチームに対応状況を聞き回っている
  - トラブル対応の優先度も異なる
    →エスカレーションしてもたらい回しや後回し

解決したいこと
- チーム横断のコミュニケーションを難しくしていることを解決したい

図 4-1　ヒューマントラブルの問題点と解決したいこと

要望
- チーム間で進捗状況も見えるようにしたい
- 運用統制チームが中心となって担当チームのアサインや進捗管理をする

手段
- すべてのチームが同じインシデント管理、チケット管理の仕組みを利用する

図 4-2　メンバーの期待

現場での実践ポイント

チーム横断のコミュニケーション：タスク管理ツールを組織に広める

タスク管理ツールで実現できること

さて、真希乃のようなチームにおいて、チーム横断でタスク管理（チケット管理）を導入して実現できることは、大きく分けて２つあります。

それは、「**①いま誰がボールを持っているかが誰でも把握できるようになること**」と、「**②組織としての記憶装置となり課題解決のスピードアップにつながること**」です。それぞれを詳しく見ていきましょう。

まず①ですが、トラブルや緊急性の高いインシデントが何件くらいあってどういった状況なのかを、チーム横断的に、あるいは会社全体として誰の目にも明らかになるのは大きな収穫です。そして、各インシデントごとの状況や、現在対応中の担当チームなどがわかれば、ムダに気を揉む必要もなくなったり、総当たりで尋ねていく時間も削減できます。また、優先順位も明確になるので、後回しにしているのか、最優先なのかも把握できるようになるでしょう。

そして何よりも、チケットに記入することで、時刻や担当者が更新履歴として自動的に保管されていくので、同じような事例が発生したときに使える資産になっていきます。**インシデントに対峙する際の型やパターンが蓄積**されていくわけです。担当個人という「人」ではなく**「組織」としての資産**となるのです。

続いて、「②組織としての記憶装置となり課題解決のスピードアップにつながること」という点です。チームとしての記憶装置の側面から説明するとわかりやすいでしょう。一般的なタスク管理ツール（チケット管理ツール）は朝会や夕会などのプラクティスと組み合わせることでより効果を発揮します。チケットとして記載しておくことで、チームの誰

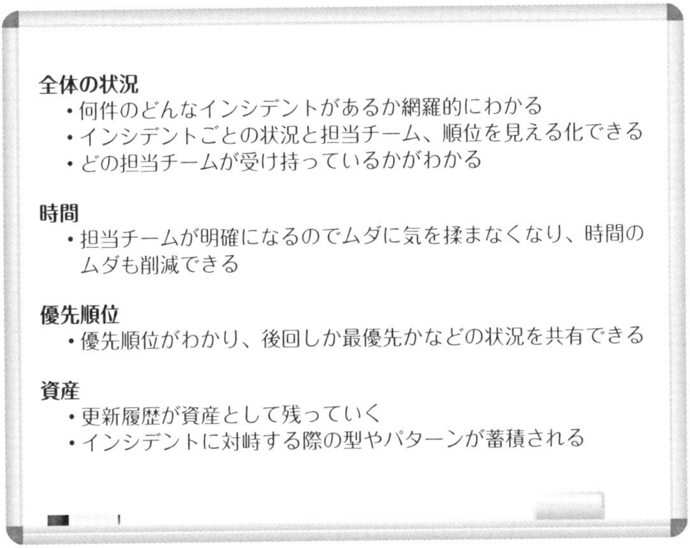

全体の状況
- 何件のどんなインシデントがあるか網羅的にわかる
- インシデントごとの状況と担当チーム、順位を見える化できる
- どの担当チームが受け持っているかがわかる

時間
- 担当チームが明確になるのでムダに気を揉まなくなり、時間のムダも削減できる

優先順位
- 優先順位がわかり、後回しか最優先かなどの状況を共有できる

資産
- 更新履歴が資産として残っていく
- インシデントに対峙する際の型やパターンが蓄積される

図 4-3　タスク管理ツールで実現できること

かが気付くようになります。

しかも、気付いたことを確認する場が毎日朝と夕方にあるのです。忘れていたことを思い出すきっかけになるだけでなく、進捗が思わしくなければ何に引っかかっているのかを明らかにし、周りがアイデアや援助をすることもできるわけです。担当者本人が多忙なときにお互いにサポートし合うことで、属人化が減っていくでしょう。そうすればトラブルの際の対処も早くなります。このように、**やり忘れの防止や協力を促す仕組み**、**状況を確認する場**がチーム内にできあがるのです。

そして、チームとして**いまやるべきタスクに集中できる**というメリットもあります。これは真希乃が気付いたように、取り掛かっているタスク以外を**安心して忘れられる仕組み**でもあるのです。

チケットに経緯や状況が記録されていたり、その進捗を朝会や夕会などで他のメンバーに申し送りできる仕組みがあることで、チームとして背負えるようになってきます。このように、セルフマネジメントに頼っていたことを、**チームとしてマネージ**する仕組みに変えていけるのです。

チームとして事に当たれるようになると、組織全体としてのパフォーマンスも上がってきます。例えば、担当メンバーの突発的な病欠や休暇などで不在の際や、緊急トラブルが発生したときのことを想像してみましょう。もし、タスク管理や朝会などを実施していなかったら、現場はパニックになると思います。担当は誰なのか、出社しているのか、対処方法はどうするのかなど、あまり想像したくないシーンです。

しかし、朝会や横断的なタスク管理が機能していれば、担当者が抱えていたチケットの記載ログから、やり取りしている人や現在のステータスなどを把握でき、他のメンバーが対処しやすくなります。その結果、相手先の部署の担当者から聞き出すといったことが減り、チーム横断のコミュニケーションの効率もアップします。もちろん、ドタバタのパニックも減っていきます。最終的には、緊急インシデントを先送りしたり、迷宮入りさせたりすることがなくなるので、組織としての信頼も上がることになります。

こういったことが組織のあちこちに広まれば、日常茶飯事だったトラブルが減り、安定した状況が増して、精神的にも落ち着いて仕事ができます。このように、緊急事態でも対処までのムダな停滞時間や手戻りが減り、組織全体として課題解決のスピードがアップしていくわけです。

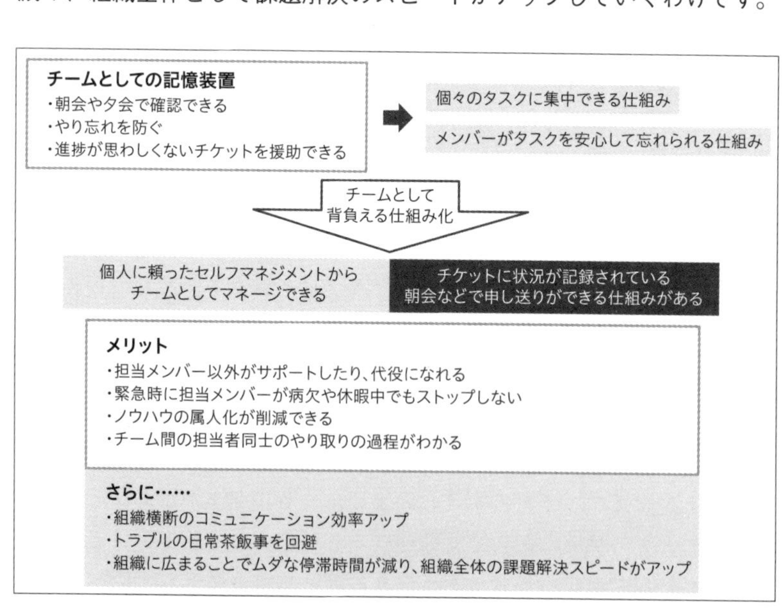

図4-4　組織としての記憶装置で課題解決のスピードアップ

ツールを組織に広めていく手順

ここからは、こうしたツールを裾野から徐々に組織に広めていくための５つの手順を解説していきます。

１番目は、狭い範囲で小さく試してみて、ツール類のクセや操作方法、既存のツールとの違いからくる**違和感などを体験**することです。一度先回りして体験して、**違いを翻訳する係**となるわけです。同時に、自チーム内においては活用しまくり、その運用方法をある程度確立することが大事になります。試行錯誤しながら、自分たちが使いやすいルールを自分たちでつくっていくのです。**ルールを自分たちでつくれる**ということは、気付いたアイデアをどんどん出していけるということなので、仕事を楽しくさせるコツでもあります。

２番目は展開したいチームに対して、一緒に操作をしながら便利さを体験してもらうことです。どのようなツールでも画面内には様々な情報があるので、戸惑うこともあるでしょう。そんな際にリードしてくれる人がいて、気軽に質問する相手がいるのは心強いものです。

また、習得のためにはパフォーマンスがいったん低下する時期があることも伝えておきましょう。操作に慣れれば、その先に作業効率や時間短縮などの効果があり、それらを見据えたうえでの策であることを丁寧に説明します。よいところばかりではなくデメリットも正直に共有することで、信頼感が増していきます。

３番目として、全工程を一緒に経験してみましょう。全体像やゴールがわからないまま進めるのは不安なので、ゴールまで導いてあげます。途中で挫折しないように、シンプルなインシデントなどを選んで**終了までを体験**してください。そうすれば不安が払拭され、成功事例となります。

４番目、精神的に負担だったことがラクになる体験をしてもらいましょう。工数が削減できたり、完了までの時間が短くなったりするのも大事ですが、それ以上に**感情面からくる負担やストレスが減ることで、そのツールのファンになってくれます**。これまで抱え込んでいた問題や悩みなどを事前に聞いておき、それらの関心事が強く反映されているインシデントにフォーカスを当てて一緒に解決していくのがよいでしょう。

最後は、お互いの運用が回り始めたタイミングで**ふりかえり**をしましょう。他のチームで考えた独自のアイデアや、そのチーム特有の使い方があるかもしれません。ふりかえることで、よりよくカイゼンしていく機会にするのです。そして、効果や体感したことを伝える宣伝係になってもらえれば、ノウハウの横展開もしやすくなり、社内に広めるのがラクになります。小さいことの努力を積み上げることで、組織が前進していくことにつながるでしょう。日常茶飯事だった、モヤモヤやストレスからくるヒューマントラブルが徐々に少なくなっていきます。

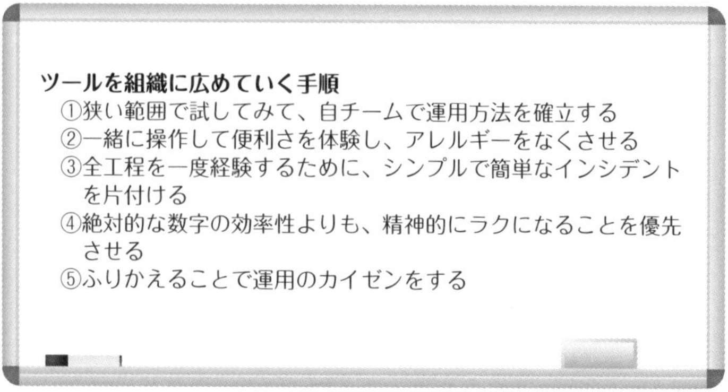

ツールを組織に広めていく手順
①狭い範囲で試してみて、自チームで運用方法を確立する
②一緒に操作して便利さを体験し、アレルギーをなくさせる
③全工程を一度経験するために、シンプルで簡単なインシデントを片付ける
④絶対的な数字の効率性よりも、精神的にラクになることを優先させる
⑤ふりかえることで運用のカイゼンをする

図4-5　ツールを組織に広めていく手順

COLUMN

活用のヒント：タスク名は作業ベースか状態ベースか

さまざまなチームを見ていると、タスク管理が浸透してくる頃に、上手に管理できているチームとそうでないチームに差が出てきます。今回説明する**「タスクばらし」**の方法をマスターしておくと、1つずつのタスクの粒度が揃ってきたり、誰がタスクを実施するかのお見合いが減ったり、手戻りが少なくなったりと、メンバー同士で管理がし

やすくなるはずです。タスク管理を上手に活用するテクニックを学び、レベルアップしましょう。ぜひ、チームを越えて指摘し合えるような関係を築いてください。

さて、図4-6のタスクリストを見て、何か違和感がありませんか？

① 野菜を洗う
② 野菜の皮をむく
③ 野菜や肉がカットされている
④ 具材を炒める
⑤ 具材を煮込む
⑥ カレールーを入れる
⑦ カレーが煮込まれている

図4-6　カレーをつくる際のタスクリストのよくない例

このタスクリストの中には、**作業ベースのタスク名**と、**状態ベースのタスク名**が混在しています。具体的には、「③野菜や肉がカットされている」と「⑦カレーが煮込まれている」の2つが状態ベースのタスク名です。この2つは作業した結果、なっていてほしい状態やタスクの完成条件を表しています。これらを作業ベースのタスク名にすると「③野菜や肉を切る」と「⑦焦げないようにゆっくり混ぜる」になるでしょう。

また、大きな段取りとして「包丁でカットする段階」と「鍋で煮込む段階」があると見受けられます。であれば「大きな段取り」という意味を込めて、「カットフェーズ」や「加熱フェーズ」といった「マイルストーン名」でタスク群をタグづけして管理するのがベターです。

さて、作業ベースと状態ベースのタスク名を混合させないようにするには、どうしたらよいでしょうか。マイルストーンの場合と同じように、別の要素は別に管理するのがよさそうです。タスクの状態はタスク名にするのではなく、タスクの中の「説明」の項目に「完成条件」として記載しましょう。この観点を押さえるだけで、何をどこまでやればよいかが、よりクリアになります。つまり、自分自身でそのタスクを実施する際に、作業の目指すゴールが明確になるのです。

また、他の誰かにそのタスクを依頼する際にも役立ちます。過度なつくり込みの労力や間違ったゴールからの手戻りが減るからです。

このように、タスク名を作業ベースに統一すると、ToDoからDoing、Doneへと、タスクを次から次へと消費する意識ができたり、残作業のタスク量を把握できて管理しやすくなります。経験が豊富な人なら現在の作業の状態だけで、全工程の中の何が残タスクとしてあるのかが把握できて、それをメンバーと共有できるかもしれません。いつもそうならよいのですが、現場のプロジェクトではなかなかそうもいかないでしょう。**作業という観点と完成条件という状態の両方の側面からタスク管理**を浸透させていくことで、チーム間をまたがるタスク管理でも、抜け漏れやお見合いのムダな時間を減らせます。

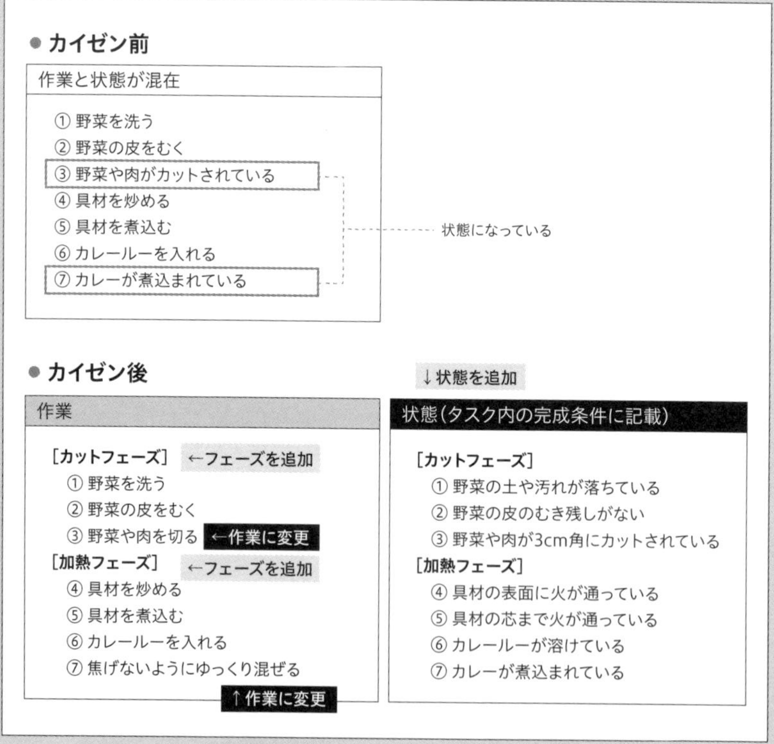

● カイゼン前

作業と状態が混在

① 野菜を洗う
② 野菜の皮をむく
③ 野菜や肉がカットされている
④ 具材を炒める
⑤ 具材を煮込む
⑥ カレールーを入れる
⑦ カレーが煮込まれている

状態になっている

● カイゼン後

作業

[カットフェーズ] ←フェーズを追加
① 野菜を洗う
② 野菜の皮をむく
③ 野菜や肉を切る ←作業に変更
[加熱フェーズ] ←フェーズを追加
④ 具材を炒める
⑤ 具材を煮込む
⑥ カレールーを入れる
⑦ 焦げないようにゆっくり混ぜる
↑作業に変更

↓状態を追加

状態(タスク内の完成条件に記載)

[カットフェーズ]
① 野菜の土や汚れが落ちている
② 野菜の皮のむき残しがない
③ 野菜や肉が3cm角にカットされている
[加熱フェーズ]
④ 具材の表面に火が通っている
⑤ 具材の芯まで火が通っている
⑥ カレールーが溶けている
⑦ カレーが煮込まれている

図 4-7　タスクリストをカイゼンした例

メリットや副次効果

タスク管理ツールを導入することは、IT統制上もメリットが出てきます。インシデントの対応履歴や、承認履歴が残せるからです。監査時に、誰がどのような対応を取ったのかが一元管理できているのは、マネジメントシステムとして健全です。承認項目をBacklogの必須属性にしたり、第三者の承認を得るフローを構築したりすれば、書類ベースや押印で実施していたことも置き換えられます。

また、ISMS / ISO / PMSなどの認証を新規取得する際のタスク管理や、定期監査のタスク管理に、内部統制を司るチームに率先して利用してもらうのもよいでしょう。**社内の本当の意味でのIT化**が促進されます。事務系のメンバーがツールを使いこなしていたら、エンジニアのメンバーのチームでも導入を推し進めようと奮起する起爆剤になるかもしれません。そんなクールな会社であれば、イケている会社として名を馳せ、営業トークに役に立つだけでなく、新たな顧客やチャネルができあがること間違いなしです。

さらなる探求

1人で悩まなくていい

ここまで見てきたように、何もかも1人で抱え込まずに、チームとして事に当たればよいのです。部署やチームの様々なメンバーがいるのは、**お互いの強みを活かし、弱みを補うため**です。新しいことが得意なメンバーや、誰かを支援することが得意なメンバー、コミュニケーションが上手なメンバー、ITのことが苦にならないメンバー。同じ個性のメンバーは1人としていません。様々なメンバーが属しているからこそ、そのメリットを活かすべきなのです。

例えば、インシデントをチケットに起票することだけでも、メンバーの力を借りるきっかけにできます。理不尽なクレームやトラブルを客観視する機会にもなりますし、言語化することで同僚や他のメンバーに気軽に相談することも可能です。チームのタスクとして保管することで抱え込まなくて済みます。個人個人が集まった単なるグループではなく、本当の意味でのチームを目指しましょう。そのきっかけにタスク管理は大いに役立つはずです。

この考え方は、タスク管理を導入するとき以外にも有効です。真希乃は葵から「抵抗にあうかもしれないけど、それも経験。まずは試してみたら？」というアドバイスをもらい、Slack導入の提案をしたら、予想通り上司の抵抗にあいました。それぞれの関心事が異なるのだから、さまざまな反対や抵抗があって当然です。ここで、「1人で悩まなくていい」という考え方の出番です。反対する理由は何か、心配している関心事は何か、問題の真因はどこにあるのか、手段のメリットとデメリットはなんなのか。**それぞれの対処法を整理する機会**に変えることができます。個人ではなくメンバーでそれらの対策を考える**「チケットという切符」**を手に入れられるのです。

図 4-8　1 人で抱え込まずにチームで対処する

第 5 章　意外な理解者

Keywords

・ホワイトボードのアナログの力　・変化のファン
・問題 vs. わたしたち　・納得戦略　・心理的安全性

「もう、ほんとアタマに来た！　馬鹿ばかバカっ！」

真希乃は廊下でひとしきり毒を吐く。誰もいないことを確認したうえで。憤懣やるかたなし。真希乃の全身から、その空気が見てとれる。

課長の掛塚から、チームで使用しているホワイトボードを片付けろと言われたのだ。現場のリアルを見ようとしない姿勢にも腹が立つ。それよりも、ホワイトボードの撤去を命じた理由が真希乃を立腹させた。

「部長の指示だから」

真希乃が最も忌み嫌う逃げ口上。部長にそう言われたから。その発

想がもう思考停止、行動停止である。真希乃のチームにとって、なぜホワイトボードが必要なのか。それがチームにどのような変化をもたらしてきたのか。管理職として、掛塚は理解しようとしただろうか？それを理解して部長とかけあうのも課長の仕事だろう。その発想がまるでない。

こうして、上に対して「No」と言わない従順なだけの人たち、物言わぬおとなしい人たちが量産される。やがて、チームメンバーも何をしているのかよくわからない妖怪「顔ナシ」集団になる。他部門から「いらない子」扱いされる。

——だから、ウチの情シスはダメなのよ……。

心でダメ出しをする真希乃。その情シスは、ほんの2カ月前までは他部署だったが、いまは自分の部署。なおのこと頭に来る。そしてもどかしい。

——ここで、染まったら負けよ。

真希乃はひと呼吸置いて、自分に言い聞かせる。

部長に直談判しようかとも考えた。かつての真希乃なら間違いなくそうしただろう。しかし、それをやると間違いなく掛塚の機嫌を損ねる。運用チームを改革するために、これからも様々なチャレンジや投資をする必要があるだろう。そのためには、掛塚の理解と承認が必要だ。掛塚とは「穏便な」関係を維持しておく必要がある。仲良くなれそうにはないけれど。

真希乃はいったん引き下がった。とはいえ、せっかくうまく回り始めたホワイトボードの運用をやめるつもりはない。今日のところは聞き流して、ホワイトボードをどうにかする（ただし撤去する気はない）のは、「次、注意されたら」にしよう。そのとき、しれっと何か言えばいい。

——どうせ掛塚さんは会議続きで、ほとんど席にも現場にもいないし。そこまでしつこく気にしないでしょう。

ひとまずホワイトボードはそのままにしておく。運用チームの朝会と夕会も、いままで通り続行した。

結果は吉と出た。翌々日の朝、真希乃は意外な変化を目にする。

＊＊＊

人の姿もまばらな始業時間前。真希乃が出社すると、部長の平口(ひらくち)が、運用チームのオープンスペースに立っていた。平口は、ホワイトボードをじっくり眺め、あごに手を当てて「うーん」と考え込んでいる。

「お、おはようございます。平口さん」

恐る恐る朝の挨拶を発する真希乃。

——ヤバい。怒られる……。

真希乃は身構えた。ところが、それは杞憂に終わる。

「このインシデントだけどさ。連携する会計システムのデータの問題じゃない？ 会計コードに不具合がある気がするな。会計チームと話をしてみたら？」

ふせんを指さしながら、平口はそこに書かれたインシデントの中身に言及する。あまりに意外な反応に、真希乃はポカンとなる。

「それからこのトラブルだけれど、そもそも利用部門が部門AD（Active Directory）のポリシーを理解していないよね？ 部門ADのポリシーや使い方を啓蒙する必要があるかもしれないな」

次々と事象の原因を推測し、解決策を提示する平口。真希乃も横に立って議論に加わる。上司部下の垣根を越え、プロ同士が意見をぶつけ合う。真希乃はそんな景色の変化を感じ始めていた。平口のコメントは止まらない。

「このクレーム。僕が利用部門の部門長に『無理だって』と言い切れば解決する話？ だったら、そう言うよ」

なんともありがたい！ これで真希乃以下のメンバーは、このクレーム対応で時間と神経をすり減らさなくて済む。真希乃は「ぜひ、お願いします！」と眼を輝かせた。

平口は次にホワイトボードの左半面、「ToDo／Doing／Done」のスペースに視線を移す。ひとしきり眺めた後、静かに感想を添えた。

「へえ、相良さんのチームメンバーは、こんなこともやってくれているんだね。大事だよね」

「原野谷さんって、あの全身黒ずくめの強面の人だよね？ ネットワークに強いのか。ほほう」

——私たちの仕事が、メンバーの見えない努力が見てもらえた。メンバーの顔を見てもらえた。

真希乃は思わずうるっとなった。ちょうどそこに、掛塚が出社した。ホワイトボードの前で肩を並べる、上司と部下の姿に眼を丸くする掛塚。何が起こっているのかわからず、焦っている。

「こうして、トラブルやインシデントの状況がわかるのはいいね！ これからも、頼んだよ！」

僕にできることがあったら言ってください。そう付け足し、平口は笑顔でその場を去った。掛塚はもはや何も言わなかった。

たまたま通りがかった部長が、ホワイトボードによる管理のメリットを自ら発見してくれた。それを言語化して教えてくれた。

「説得戦略より、納得戦略よ」

真希乃は、昨日の夜に葵がかけてくれた言葉を思い出した。

人は説得しようとすると抵抗する。あるいは、上から目線であれこれ注文をつけてくる。しかし、納得すると自ら動く。変化のファンになる。そのためには、体験してメリットを感じてもらうのが早い。真希乃は、納得戦略の意味をしみじみと理解した。User Experience Comes First. 体験は最高の納得材料である。

何より、上司と部下との心の距離が縮まった。この変化は大きい。

部長と部下は「報告をする／報告を受ける関係」になりがちである。対面の関係ともいえよう。

ところが、たったいま、平口と真希乃はホワイトボードに向き合い肩を並べた。

部長と部下が、「問題や課題に対して一緒に向き合うパートナーの関係」に変わったのだ。これは横並びの関係といえよう。問題や課題に気付きやすくなるし、意見もしやすくなる。

平口は「僕が言えば解決する話？」「僕にできることがあったら言ってください」とも言った。それが、上司と部下の関係が変化した何よりの証拠だ。「報告しに来い！」ではなく、「私にできることはあるだろうか？」と自ら気付いて考えるようになったのだ。

図 5-1　対面の関係とパートナーの関係

部下が上司に「わざわざ」報告しなくても、通りすがりに「ついでに」気付いてくれる。このメリットも大きい。

部長はホワイトボードに書かれた事象や問題に勝手に気付いただけである。部下がわざわざ報告したわけではない。「課長飛ばし」の問題も穏便に解決する。

「『わざわざ』を『ついでに』に変えるのが、業務カイゼンのポイント」と真希乃は何かの本で読んだことがある。わざわざ報告しようとすると、作文にも報告するまでにも時間がかかる。作文行為を経てリアルがうまく伝わらないこともある。見える仕組みは、階層や組織を越えたコミュニケーションのスピードも精度も高めるのだ。

図 5-2 「わざわざ」を「ついでに」に変える

心理的安全性が大事。

Googleのカルチャーを引き合いに、いま様々な職場で語られている。

立場を越えて、本音や意見を言える関係性。受け止めてもらえる安心感。それがチームの一体感や、組織や仕事に対するエンゲージメント（つながりの強さ、帰属意識）を高める。しかし「そんなことはわかっているが、どうしたらいいのかわからない」のが大勢の本音だろう。「Googleだからできるのでしょう」というあきらめの言葉も聞く。真希乃もまた、きれいごとにしか思っていなかった。しかし、それは違っていた。

ほんの小さな取り組みで、メンバーの心理的安全性を高めることは十分できるのだ。

たった1枚のホワイトボードが、上司と部下、メンバー間の関係性やコミュニケーションの景色を変えた。真希乃はいまそれを実感している。

ところで、Slackの導入をどうしようか。別にSlackでなくてもよいが、ビジネスチャットは試してみたい。メンバー同士（できれば他のチームとも）の情報共有や、ちょっとした気付きや意見を「言える化」するための仕掛けとして。

チームリーダーの真希乃自身、会議など席をはずすことも多く、メンバーの困りごとや報告や急ぎの相談をタイムリーに受けることができず申し訳ないと思っている。ビジネスチャットを使えば、会議に参加しながらメンバーの様子をうかがうこともできるし、急ぎの用件にその場で回答することもできるだろう。また、会議中にメンバーに聞きたいことが出てきた場合、すぐチャットで話しかけて、すぐ回答を得ることもできる。

「それは認めない」

やはりダメか。淡い期待を持って掛塚にリトライしてみるも、けんもほろろ。

「無理に説得しようとしてもダメ。いったん引き下がるのも大事。その代わり、ここぞというタイミングは逃しちゃダメ。準備して『時』を待とう」

これは葵のメッセージ。苦労して、組織のカルチャーを変えてきた当事者の言葉は重みがある。真希乃も、この場はいったん引き下がることにした。

――まずは、ビジネスチャットのメリットとデメリットを調べて、自分なりにまとめておこうかしら。

「時」が来たときすぐ提案して実行に移せるよう、いまできる最大限のことをやっておこう。

次の瞬間、インターネットを検索する真希乃。どこぞの会社が開催する、ビジネスチャットの社内導入をテーマにしたLT（ライトニングトーク）大会のお知らせ記事がヒットした。当事者が、導入の苦労談や体験談を話してくれるらしい。知恵を与えてくれる先人の存在はありがたい。真希乃は脊髄反射で参加ボタンを押した。

解説

問題整理

思考停止・行動停止、顔ナシ集団の量産化からの脱却

今後のことを考えて掛塚との良好な関係を保っておくため、部長への直談判を思いとどまった真希乃。運用チームのホワイトボードや朝会・夕会も、いままで通りしれっと続行することが、運よく吉と出ました。

ここで組織の問題を少し整理しておきましょう。ホワイトボードの撤去がトリガーとなり真希乃の不満が爆発したわけですが、その背景には現場のリアルを見ようとしない掛塚の姿勢がありました。掛塚はホワイトボードがなぜ必要なのか、どのような変化をもたらしたのかを考えもせず、アクションも起こさない**思考停止・行動停止**の状態でした。

本章では、階層や組織の枠を越えたコミュニケーションで意思決定をスピードアップし、自ら考え行動していく**行動誘発**が起こるチームになることを目指します。

その手段として、ホワイトボードでインシデントやタスクの見える化を実施します。その結果として問題をチームや関係者と一緒に倒していく関係性に変化させていきます。また、そのベースにある納得戦略と心理的安全性も解説します。

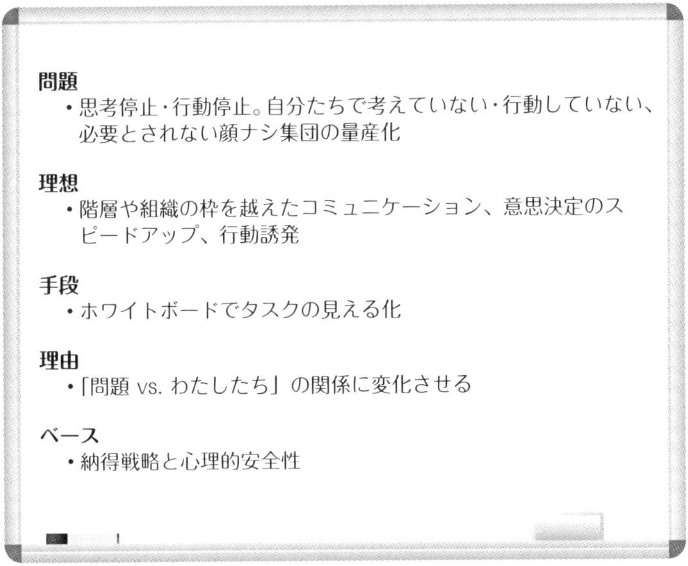

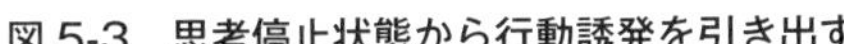

図 5-3　思考停止状態から行動誘発を引き出す

現場での実践ポイント

みんなの司令塔：ホワイトボードのアナログの力

ホワイトボードで実現できること

アナログのホワイトボードを使うことで、重要なインシデントが何か、その進捗がどうなっているのかを**顔を上げれば見られる**のが一番のポイントです。優先すべきホットなトピックスに対して、メンバーの意識や景色を合わせられる仕組みがホワイトボード１つでできあがるのです。ホワイトボードがみんなに**優先すべきことを把握させる司令塔**になるわけですね。これまで個人のスキルに頼って場当たり的に解決していたことを、優先順位をもとにチームで対応できるようになります。

ホワイトボードが、いわば高速道路の救急車やパトカーが走行する緊急レーンと化すわけです。そこにふせんが貼られていれば、誰の目から見てもトラブルがあることや、緊急で解決しなくてはいけないことが一目瞭然になります。当事者だけでなく、部長や掛塚のような関係者も含めて、その**状況が手に取るようにわかる仕組み**が構築されるのです。そこに来れば誰でもがプロジェクトの状況を把握できる場が大切です。雰囲気が重いのか、イキイキと働いているのかまでわかるようになっているとベストでしょう。真希乃が部長の協力を得られたように、ときにはその問題に対する支援者が現れるかもしれません。

また、**カスタマイズが自由自在**なのもアナログのホワイトボードの利点です。レーンのデザインや、書き出す項目なども好きなようにレイアウトできます。ここからはホワイトボード活用のコツを紹介していきます。

- 重要インシデントがなんであるか、進捗がどうなっているか管理できる
- 優先すべきホットトピックスに対して、メンバーの意識や景色を合わせられる
- 視線を上げるだけで見ることができ、他部署の人も参照できる
- カスタマイズが自由自在

図 5-4　ホワイトボードで実現できること

ホワイトボード活用のヒント

車のエンジンを冷却して温度を一定に保つ装置をラジエーターといい、異常があれば車の運転パネルに警告を出して運転手に知らせてくれます。このように、ホワイトボードを**「情報ラジエーター」**として活用していきましょう。

レーンの数、レーンの幅、レーンの名称など、レーンだけでもカスタマイズは様々です。インシデントを担当しているメンバーを、マグネットやアニメのキャラクターなどのアバターシールを使って表現するのもよいでしょう。ふせんの色によって緊急度を表現したり、大きさによって作業規模を表現するのももちろん OK です。また、朝会や夕会のファシリテーションをする当番表をアバターで表すのもよいアイデアです。

ふせんを貼る際に 1 点だけ気をつけることがあります。情報が増加したときやブレインストーミングなどのとき、似たような情報を近くに寄せることがあると思います。その際は、ふせんの前面に重ねて貼ることは避けてください。ふせんの上に重ね合わせていくと重さで落ちてしまうからです。ホワイトボードに直接貼る形で重ねましょう。

最近はオンラインホワイトボードもあるので、アナログかデジタルか、どっちがよいのだろうかという疑問が湧くかもしれません。もちろん現場の状況に合わせて決定すればよいですが、**アナログとデジタルの「い**

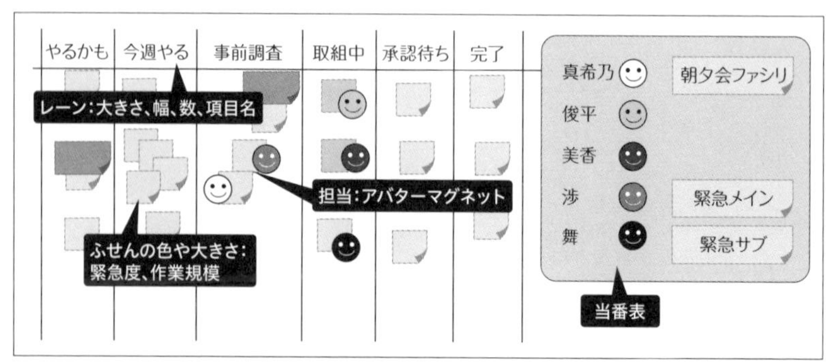

図 5-5　ホワイトボードのカスタマイズ例

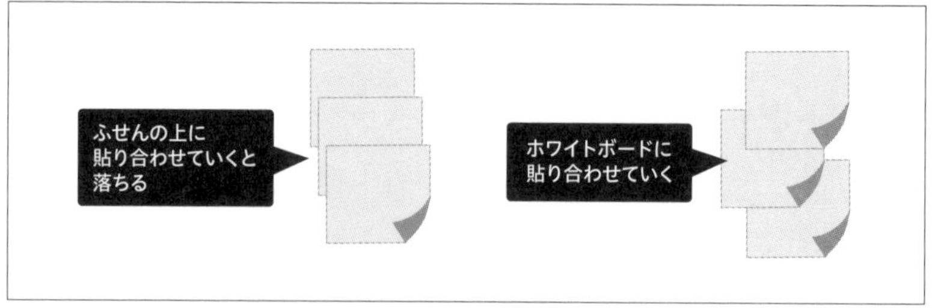

図 5-6　ふせんの貼り方のコツ

いとこ取り」をすることをおすすめします。表 5-1 のようにアナログにはアナログの、デジタルにはデジタルのよいところがあります。

アナログの特徴	カスタマイズしやすい、視界に入りやすい、直感的、対峙する場の構築がラク、手軽、空間に限りがある、オフィスに設置する、事務用品料がかかる
デジタルの特徴	共有しやすい、検索しやすい、保管しやすい、リモートでも活用可能、空間はほぼ無限、クラウド上に設置できる、クラウド利用料がかかる

表 5-1　アナログとデジタルの特徴

真希乃のチームは、緊急のものはアナログで、通常のものはデジタルで管理することにより両方のメリットを享受しています。他の視点として、粒度が大きい部署レベルのものはアナログで管理して、個人やチームの細かいタスクはデジタルで管理するように使い分けてもよいでしょう。ここでも、チームで考え、カイゼンを繰り返しながら使いやすくしていくのがベストです。1点だけ注意するとすれば、同じ情報をアナログとデジタルの両方で完全にコピーして**重複管理することだけは避けましょう**。面倒くさくなって継続できなくなるからです。

メリットや副次効果

タスク管理のポイントとして、タスクのゴールを細かく明確にして、到達状態をわかりやすくすることが挙げられます。そのタスクを消費させたい、片付けたいという行動を誘発させることができるからです。また、「あと少しで完了ならやっておくよ」「一緒に片付けてしまおうよ」といったメンバー間のサポートもしやすくなります。そのためには、最新の正の情報を一元管理で保持することが必要になってきます。

私たちが目指すホワイトボードの役割をたとえるのなら、野球のバックスクリーンの電光掲示板です。守備側のチーム、攻撃側のチームだけでなく、観客や審判も含め全員がその情報をもとに行動します。ピッチャーは次にどんな球を投げるか、ランナーは盗塁をするかなど、**その情報によって各自の行動が誘発**されます。このように個人の行動変容を促すボードに仕上げていくことがアナログボードの狙いなのです。

また、メンバーの次の行動を誘発させるためには、愛着を持つ仕組みを取り入れることがおすすめです。自分たちでボードのレイアウトや形、配色を考えたり、ボードや方法論のアイデアに愛称をつけることで、愛着が生まれ、**心理的なつながりやオーナーシップ**が生まれます。単なるタスクボードではなく、「運用チーム司令室」だったり「ヘルプデスク楽々ボード」だったり、好きな名前をつけてみましょう。ちなみに、共著者の沢渡さんだったら「〇〇ダム統合管理事務所」(〇〇はチーム名)にするそうです。おのおののアイデアや妄想が形になることは、仕事を楽しくする要素の1つでもあります。心理的なつながりやオーナーシップが生まれると、数倍もパフォーマンスがアップすると言われています。無味乾燥だった仕事場が、自分たちの創意工夫で彩られた「場」となっていく変化を楽しみましょう。

COLUMN

デジタルツール活用のコツ

リモートワークやテレワークでデジタルツールを活用する機会が増加していることでしょう。リモートワークでは、仕事の運用が個人に依存しがちです。形骸化やマンネリ化、セイチョウの鈍化に加え、業務が複雑化し始めた際の対処方法など、陥りやすい罠を回避するコツを3つの視点から紹介します。

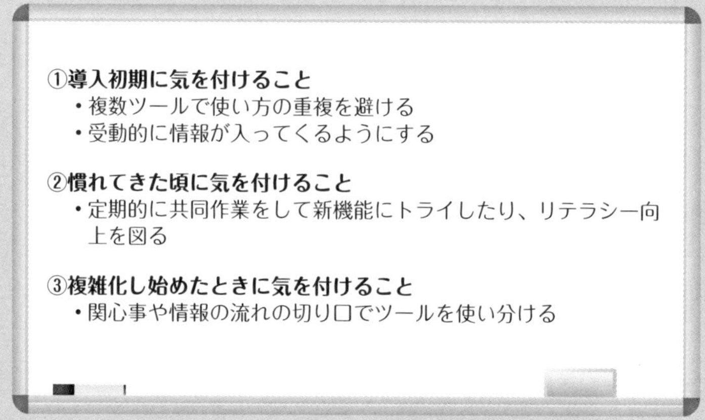

図 5-7　デジタルツールを活用するコツ

デジタルツール導入初期に気を付けること

まずは、初期によく起こる問題を見てみましょう。アナログとデジタル間など、複数のツール間で同じ情報を保持するために、手動でコピペをして同期し、運用しているケースがあります。これには既存のツール類や慣れている方法から離れられないという理由もあるでしょう。

しかしこれでは、価値を生むための仕事ではなく、仕事のための仕事をしているように思えてきて、何のためにやっているのか疑問に感じ始めます。また、そもそも面倒なためモチベーションも続かないでしょう。どちらかに**一元管理**するようにルールを徹底することが重要です。現時点での判断で古いツールを使い続けていまをしのぐよりも、**より便利になる将来に向けた投資**として考え、移行しましょう。古いツール類や時代にそぐわない運用は、いつかは淘汰されてしまいます。多少手間取っても、操作に慣れる教育の時間として割り切り、新ツールに移行させる判断が大切です。

また、デジタルツールでの情報共有に関しても注意点があります。ホワイトボードは自然と視界に入るので利用しやすく、朝会などの際にはホワイトボードの前に人のいる場ができあがります。しかし、リモートワークだとそういった場もできにくくなります。例えば、他の人のタスクを見る機会は激減するでしょう。そこで、個人が能動的に見にいくのではなく、受動的に情報が入ってくる状況に仕立てます。リモート朝会などでWeb会議系のクラウドサービスを活用すれば、Backlogやタスク管理ツールの画面を共有しながら、タスクが視界に飛び込んでくるようにできます。口頭で連絡するだけでなく、**タスクを意識した情報の同期を図る場**にするのです。タスクの抜け漏れや作業順序などを確認する機会に変えて、相互作用が生まれる情報源としてBacklogを活用していくとよいでしょう。

慣れてきた頃に気を付けること

さらなるセイチョウを促す方法を紹介します。ツールは一度活用方法や操作に慣れると、そのまま使い続けてしまいがちです。ツールベンダーは競合との差別化を図るために新機能をつくり続けていますが、社内では意外と広まっていないものです。既存の操作に慣れてしまうと新機能が視界に入ってこないのでしょう。

便利な機能が追加されているのに利用しない手はありません。定期的に他のメンバーと画面を共有しながら、ガシャガシャと一緒に操作する時間を設けましょう。誰かが誰かに教えるという位置づけではなく、**お互いに便利な使い方を発見する場**とするのです。

例えば、使っているツールやサービスに新機能が発表されたタイミングで、その機能をみんなで操作してみるという場を設けます。新しいもの好きのメンバーや情報のキャッチが早いメンバーが独自に実践していたことを、みんなで一緒に試して全体の底上げを図るのです。ボタン操作や出てくるメッセージの対処方法などを一緒に体験し、もし操作中にトラブルやエラーが発生したら、その回避方法もその場で共有できて一石二鳥です。複数人の目線があるので、見過ごしていた手順や解決案もすぐに出てくるかもしれません。また、1人でイライラすることもなく、同じ失敗を他のメンバーが繰り返すこともなくなります。このように複数人で一緒に実施することで、発見を楽しみながらマスターできるというのがポイントです。

業務ツールだけでなく、一般的なツールの使い方を共有してもよいでしょう。Google検索のスキルは人によって異なりますが、検索や操作のスキルによって情報発見までの時間は変わってきます。「検索リテラシー」で生産性も変わってくるのです。「みんな知っていると思うんですけど……」と思っていることは、以外と知られていないもの。便利な機能の紹介など、ちょっとしたプチ自慢大会の場にしましょう。画面共有しながら紹介したい操作を見せることで、本題以外の学びを得られる可能性があります。何回もクリックして到達していた画面遷移が一発でいけるようになったり、ショートカットキーを教えてもらえるかもしれません。こういった**情報共有と新しいことへのキャッチアップの文化がチームに浸透**し始めると、新たなツールや便利なサービスに対する抵抗が少なくなり、個人ではなくチームの活動としてチャレンジするという常識に変化していきます。

複雑化し始めたときに気を付けること

最後は、複雑化し始めたときの対策を紹介します。多くのメンバーでツールを利用するようになると、情報が加速度的に蓄積され、情報の管理やコミュニケーションが複雑化していくことでしょう。こういった場合には、少し交通整理が必要となります。それぞれの人で情報の関心事が異なるような場合には、そのまま同じツールでルールを強化していくことも策ですし、思い切って異なるツールとハイブリッドで運用してみるという選択肢もあります。

このような場合には、2つの切り口で考えてみましょう。それは**関心事**と**情報の流れ**です。

まずは、関心事という切り口で分けてみます。タスクの粒度の大きいものか、小さいものかで考えてみましょう。これは、上層部の管理職や現場のメンバーによって粒度が変わってきます。会社レイヤ、部署レイヤ、チームレイヤ、個人レイヤという役職にも関連するし、同時に、関心事の変化の頻度や時間軸にも影響されているはずです。

例えば、執行役員や本部長であれば、日々のタスクよりも月ごとや四半期ごとの部門レベルの成果という、比較的大きな粒度のことが関心事になります。逆に、メンバー個人の進捗具合はあまり気にならないでしょう。一方、メンバー自身であれば、直近のタスクをいかに倒していくか、目の前のバグをどう片付けるかに目線がいってしまい、今期の部署目標などは頭の隅に追いやられているかもしれません。

こういった場合には、タグやカテゴリーなどを用いてフィルター機能を最大限活用したり、関心事ごとに同じツール内に別のタスク管理用のスペースやボードを用意しましょう。真希乃のチームがBacklogでチケットを管理し、緊急性の高いタスクはホワイトボードで管理していたように、完全な重複は避けながら、**情報の関心事によってハイブリッドで管理**するのでもよいのです。

もう1つは情報の流れの切り口です。その情報が、流れ（フロー）ていってもよいものなのか、蓄積（ストック）しておきたいナレッジという種類の情報なのかを考えます。ブレインストーミングのように議論の過程やアイデアを発散させている状態で、過程を再活用することが少ない場合もあるかもしれません。そんな場合には、ホワイトボード系ツールを適宜使いましょう。miroなどのホワイトボード系のツールで、文字や図形や関連を動かしながら議論した方が効率的です。また、ちょっと意見を聞いてみたいというような場合には、Slackで気軽にチャット感覚で会話するように議論するのもよいでしょう。

一方、流れていってしまってはいけない蓄積型の情報であれば、ドキュメント管理系のツールを別途検討してみるのも手です。ナレッジの編集や共有のしやすさを優先させるか、PDFや画像などの静的な情報を蓄積することを優先するかでツール選びは変わってきます。

いま使っているツールが、タスク管理としてなのか、コミュニケーション管理としてなのか、あるいはドキュメント管理としてなのか、**何を真の目的にしているのかを明確化**してみましょう。ツールを提供している会社によって、カバーしている機能が少しずつ異なります。別のツールの方が操作性がよかったり、情報の管理範囲が明確になったりするメリットがあるかもしれません。自身の会社において、広範囲を網羅的に対象にしているツールがよいのか、1つの機能に特化しているツールがよいのかを検討しましょう。

どのツールを使えばよいかに完全な正解はありませんが、利用現場で活用度の高いものをあぶり出しながら、ここで挙げたような切り口でメンバーと議論してみることをおすすめします。

関心事

[粒度]
- 粒度の大小

[頻度や時間軸]
- 緊急度
- 日、週、月、四半期、年、マイルストーン

[役職]
- 会社レイヤ、部署レイヤ、チームレイヤ、個人レイヤ

同じツール内で策を打つ

- タグやフィルター機能の活用
- 同じツール内に別のタスク管理用スペースやタスクボードを用意

情報の流れ

[フローかストックか]
- 流れていって構わない情報(フロー)
- 蓄積しておきたいナレッジ(ストック)

[過程か成果か]
- ブレインストーミングなど議論中のもの(過程)
- まとめられた情報(成果)

ツールを分ける

議論するとき
- Backlogのコメント
- miroなどのホワイトボードツール

相談やコミュニケーションのとき
- Backlogのコメント
- Slackなどのチャットツール

ドキュメント管理
- BacklogのWikiやファイル管理機能
- Quiita:Team、esa.io、Dropboxなど

図 5-8　デジタルツール使い分けのコツ

問題 vs. わたしたち

「問題 vs. わたしたち」の構図で実現できること

見える化は、発生している問題の状況が把握しやすくなったり、根本原因を考えたり、一緒に議論したりすることの敷居をぐんと下げてくれます。その結果、相対的な優先順位をつけたり、問題の関連性から事象の根本原因を推測したり、対応策を考えるきっかけにできます。メンバー同士だけではなく、真希乃と部長が考え込んでいたように、**即席の対策会議の場**ができあがります。会議室でのミーティングのような堅苦しさがなく、少しリラックスした雰囲気で**自由な発想**が生まれるのもよい点です。真希乃が部長の横に立って議論に加わったように、上司と部下の垣根を越えて、問題を解決するための建設的な意見をぶつけ合うことも可能になるのです。つまり、「上司 vs. あなた」ではなく、**「問題 vs. わたしたち」**の関係に変化させることができます。

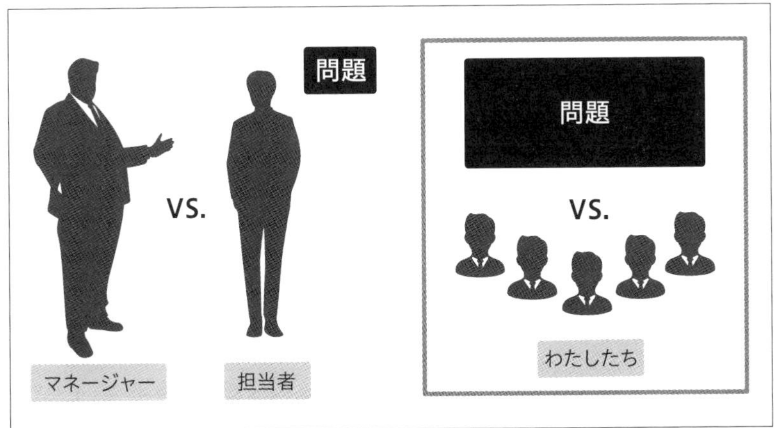

図 5-9　問題 vs. わたしたち

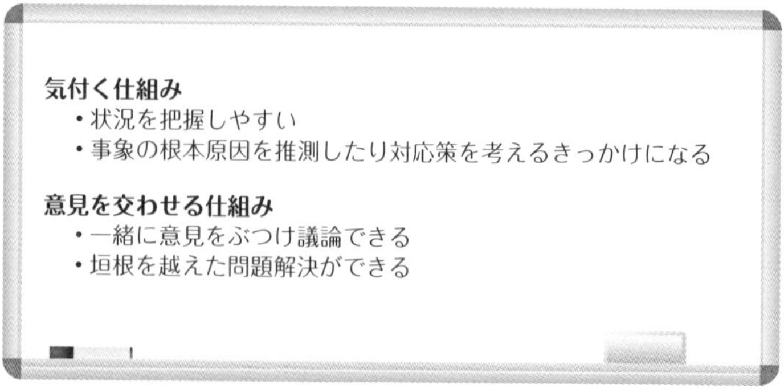

気付く仕組み
・状況を把握しやすい
・事象の根本原因を推測したり対応策を考えるきっかけになる

意見を交わせる仕組み
・一緒に意見をぶつけ議論できる
・垣根を越えた問題解決ができる

図 5-10 「問題 vs. わたしたち」にすることでできる仕組み

「問題 vs. わたしたち」の構図のつくり方

問題と対峙する構図にできれば、手段は問いません。ホワイトボードでも壁でも窓ガラスでもパーティションでも、掲示方法はなんでもOKです。ここでは、共通するポイントを記していきます。

まずは、誰もが見られるような場所に設置することです。喫緊の課題を見える化し、それを解決していくことが現場の最優先事項です。このような課題をクリアすると、顧客トラブルの解決、顧客価値の向上、利益の向上、コスト削減など、いずれにしても会社にとってのメリットにつながるはずです。

表示する方法のポイントとして、緊急や重要な情報は**危険や注意を表す赤色や黄色**を使いましょう。真っ赤なふせんを使ったり、赤いレーンをマスキングテープでつくったりして、真っ先に目に入ってくるように目立たせます。

さらに、書いたらすぐ消せるミニホワイトボードなどがあると便利です。インシデントのトラブル対策方針を図に描くなど、**問題の関係性を整理しながら落書きをするように議論**できるのです。文章だけ、口頭だけのコミュニケーションよりも、言葉、文字、図、イラストを交えることで、合意形成のスピードが格段にアップします。お互いの理解が深まると、問題に対する取り組む姿勢も変わってくるでしょう。

最後のポイントは、インシデントなどを解決できたら、その達成を表すシールやマークを使ったり、朝会や夕会で拍手やハイタッチをするなどして、達成を喜ぶことです。**会社の問題をどんどん解決していっているヒーローやヒロイン**たちなのですから、自信を持って称賛し合いましょう。問題を解決していく現場は、イキイキとした職場へと変わっていきます。

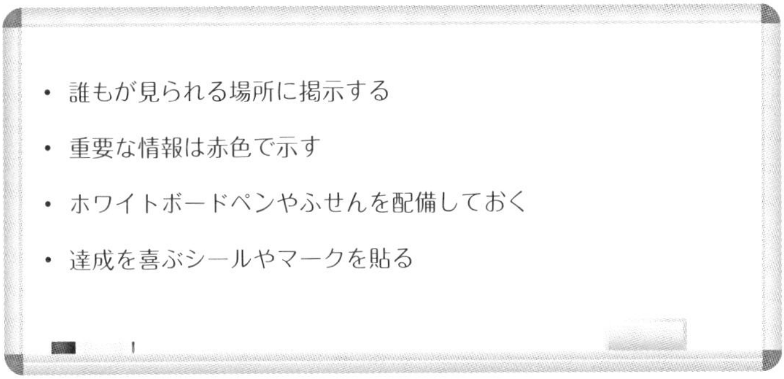

- 誰もが見られる場所に掲示する
- 重要な情報は赤色で示す
- ホワイトボードペンやふせんを配備しておく
- 達成を喜ぶシールやマークを貼る

図 5-11 「問題 vs. わたしたち」の構図をつくるポイント

メリットや副次効果

「問題 vs. わたしたち」の構図に変わることで、上司との関係性が変わり、問題解決までの時間が短縮されることが大きなメリットです。上司と部下という「対面の関係」から**「横並びの関係」**に変化して、問題や課題に対して一緒に向き合うパートナーの関係になります。この関係の中では、命令するというリーダーシップスタイルではなく、**問題解決を支援するサーバント型のリーダーシップ**スタイルが必要です。物語の中で、部長が「僕が言えば解決する話？」「僕にできることがあったら言ってください」と発言していました。これらの発言から問題に対して向き合っていることがわかるでしょう。

メンバーの見えない努力の賜物だったり、ストレスを溜めながら現場だけでクレーム対応や他部署と交渉していたことに、上司の視座で俯瞰した解決策や意思決定が加わることで、一気に事が進むこともあります。上司が現場を身近に感じ、**メンバーと上司の間の心理的距離感が縮まっ**

ていく効果が表れるでしょう。

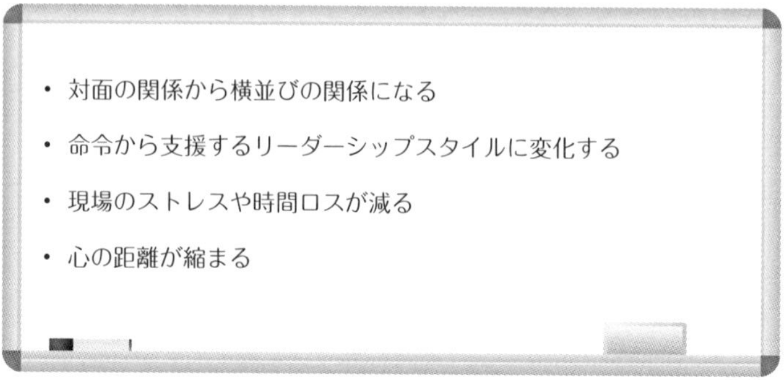

図 5-12 「問題 vs. わたしたち」のメリットや副次効果

さらなる探求

納得戦略と心理的安全性が大事

ここでは、物語の中に出てきた**納得戦略**と**心理的安全性**に関して深掘るりしていきます。

まずは納得戦略からです。一般的に、会社で何か新しいことに挑戦するためには、上司や上層部を説得するために資料が必要でしょう。その資料には、データや根拠や効果の数字などを定量的に表現し、どうやって説得するか試行錯誤しなくてはいけないでしょう。

説得には、メリットだけでなく、**圧倒的な信頼関係**を構築することが必要です。その過程は、まず説得相手が理解してくれて、次に共感をしてくれ、さらに相手の気持ちや行動が変化していく必要があります。物語の中では、現場を部長が訪れ、一緒に体験し、自ら納得することで、説得することなくこの過程をなぞることができました。部長はホワイトボードで事実や対応状況を理解し、メンバーが緊急対応で奮闘している姿に共感し、真希乃と対話することで信頼が増しました。「場の威力」を体験したことでメリットを自ら発見し、対話しながら言語化や発言することで、納得度が高まっていったのです。説得されることなく、自ら提案する行動へと変化していきました。

見える化の仕組みによって、階層や組織の枠を越えたコミュニケーションのスピードも精度も高められた好例です。**共感できる事実と対策のきっかけがそこに存在している**ということが重要なのです。説得のためではなく自発的に納得できるように「体験という最高の納得材料」を見える化や場づくりによって演出していきましょう。

もう一方の心理的安全性に関して説明します。心理的安全性とは、Google の**「効果的なチームを可能とする条件は何か」**を調査したProject Aristotle の結果から判明したもので、「チームの中でミスをしても、それを理由に非難されることはない」と思える状態のことをいいます。部長と真希乃の会話の中で垣間見えた「立場を越えて、本音や意見を言える関係性」だったり、「受け止めてもらえる安心感」が心理的安全性を高めていくわけです。

真希乃がメンバー間の関係性やコミュニケーションの景色を変化させ始めたように、日々の小さな取り組みを通して、チームの心理的安全性は高められます。自分たちで情報満載の仕事場（ワークスペース）を構築して、日々コミュニケーションを密に取り、一緒に問題に対峙し、雑談することでチーム力は脈々と上がっていきます。それらはチームの一体感やエンゲージメントを高めることにもつながります。さらには、モチベーション高く仕事をすることで**ハイパフォーマンスのチーム**にもなっていくでしょう。

おのおのが仕事場を「業務をする場所」という認識ではなく、子供の頃に森や空き地につくった**「秘密基地」**と認識するようになったら、それは心理的安全性が高い、よいチームの証です。

第 6 章　相手のキーワードに飛び込む

Keywords

・エンゲージメント　・負のサイクル
・チャットツール　・共通のゴール　・言える化

"Opportunity has hair in front, behind she is bald; if you seize her by the forelock, you may hold her, but, if suffered to escape, not Jupiter himself can catch her again."

——Leonardo da Vinci

チャンスは突然やってくる。しかし、それをチャンスだと意識していなければ、そのチャンスは誰にも気にとめられることなく風のように流れていってしまう。そして、チャンスの女神は前髪しかない。

——レオナルド・ダ・ヴィンチ

ある朝、真希乃に追い風が吹いた。

きっかけは、掛塚との1on1ミーティング。1on1ミーティングとは、上司と部下が定期的に1対1で対話をする面談である。近年、組織内コミュニケーション手段の1つとして注目され、導入する企業が増えている。ハマナでも、職場コミュニケーションの悪さを問題視した人事部がこれを導入したのだ。

「直属の上長と部下と、最低週1回、30分の1on1ミーティングを行うこと」

こんなお触れが出された。正直、真希乃にとって掛塚との1on1ミーティングは苦痛でしかない。ウマの合わない上司と、30分も向き合わなければならないなんて。

「……で、何か話すことある？」

お互い話題がなく、沈黙の時がただただ流れる。いったい何の罰ゲームであろう。

ところが、その日は違った。

「エンゲージメントの向上」

「メール誤送信対策」

真希乃が会議室に入るや否や、掛塚はくるりと背を向け、ホワイトボードにこんな2つの言葉を書き出した。まくった白いワイシャツの袖から、毛むくじゃらの腕があらわになる。

「この2つ、昨日の部課長会で、部長がおっしゃったウチの部の重点課題」

ぶっきらぼうに言い放つ掛塚。

趣旨はこうだ。去年の冬、人事部がハマナの全社員を対象に社員満足度調査を行った。組織や仕事に対する愛着、経営方針や部門ポリシーに対する理解度や納得度、上司や部下に対する信頼度など、様々な観点で社員の会社に対する満足度を図るアンケート調査である。その結果が、昨日の部課長会議で管理職に共有された。

「ウチの部（情報システム部）の結果知りたい？ ダントツ最下位」

真希乃は、そりゃそうだろうなと言いかけてやめた。なるべく表情を出さないよう、顔の筋肉に力を込める。

「でもって、部長が『情報システム部のエンゲージメント向上が課題だ！』とおっしゃっている。エンゲージメントに効く方策があれば、相良さんにも提案してほしい」

エンゲージメント＝「つながりの強さ」。従業員の、組織や仕事に対する愛着、誇り、モチベーション、帰属意識などもエンゲージメントと表される（2018年の秋に、テレビの報道番組で「やる気偏差値」と誤解を招くような和訳がされ物議を醸した）。

社員のエンゲージメントを高めることは、社員満足の向上に直結する。部長もそこに気付いたのであろう。

とはいえ、社員だけをケアすればよいものでもない。情シスは、舞、渉、美香、さつきなどの協力会社のスタッフや派遣社員の比率も高い。プロパ以外の人たちのエンゲージメント向上も必須であろう。

次に、メール誤送信対策。ハマナでは以前からメール誤送信が問題になっていた。

・報告書を、異なる客先に送信した
・発注書を、意図しない取引先に送付した

社内やグループ会社が相手ならまだしも、客先やサプライヤーなど社外の相手への誤送信は信用問題に発展しかねない。そして先週、人事部門がやらかした。採用見送りの通知書を、誤って合格者に送ってしまったのだ。いよいよ経営会議で問題視され、メール誤送信対策を徹底するよう各部に通達されたのである。

「エンゲージメントの向上と、メール誤送信対策ですね。承知しました」

真希乃は、ホワイトボードに乱雑に書かれたキーワードを復唱した。
――これって、Slack導入を提案するチャンスかも!?
自席に戻る道すがら、真希乃は次の一手を考える。
「自分のキーワードだけを主張していてもダメ。相手のキーワードに飛び込もう」
これも葵の言葉だ。キーワードとは、課題や関心事を示すひと言のこと。いまの真希乃、すなわち自分のキーワードは「Slack導入」だ。一方で、相手のキーワードはなんだろう？ ここでいう相手とは、Slack導入の可否を判断する情シス部門。その情シス部門の長である部長のキーワードは「エンゲージメントの向上」「メール誤送信対策」だ。この3つのキーワードをうまくつなげることができればよいのだ。真希乃は頭をフル回転させた。

「Slack、ウチにも導入するんですか!?」
席に戻るやいなや、舞が突然声をかけてきた。その声色はとても嬉しそうだ。
「掛塚さんに提案はしたいと思っているけれど。でも舞さん、どうしてそれを？」
意表を突かれた真希乃。Slack導入検討は、掛塚以外の誰にも話していなかったのだから。
「だって。ほら、真希乃さんのデスクの上にSlackについての資料が散らばっていたから……」
舞はデスクの上を指さす。そこには、真希乃が週末に参加した、ビジネスチャット導入についてのLT（ライトニングトーク）大会の資料が無造作に置かれていた。
「おっ、Slack？ いいね。使いましょうよ。メールはクソ遅いし、いろいろ面倒くさいしで正直勘弁してほしいんだ」
渉が声をかけてきた。毒づきながらも、目元と口元がほのかに緩んでいる。あの渉がイキイキと……は言い過ぎか。まんざらでもなさそうな笑顔を浮かべるなんて。ひょっとしてこれは……。

——エンジニアのエンゲージメント向上につながるかも。

「うん。私自身、チームで新しいツールを使ってみたくて。導入できるよう検討しますね」

前向きな言葉を言い残し、真希乃はヘルプデスクルームに向かった。ヘルプデスクの2人の意見も聞いてみたい。

「それはいいですね！ ヘルプデスクメンバー同士のやり取りがラクになります」

さつきは顔を明るくした。

ヘルプデスクのメンバーは、メールと電話でハマナやグループ会社の社員などの問い合わせを受けている。自己回答できないものは電話をいったん切り、他のメンバーに聞いて（あるいは運用チームなどの関連組織に問い合わせたうえで）、折り返している。チャットを使えば、電話対応をしながら他のヘルプデスクメンバーにリアルタイムに聞いて回答を得ることもできる。あるいは、他のメンバーに電話を代わって対応してもらうことも可能だ。

「クレーム対応もカイゼンできそうですね。いま誰からどんなクレームを受けているか、チャットで周りのメンバーに知らせることができます」

なるほど。その効果は大きそうだ。誰がどんなクレームを受けているのかわからなければ、周りは助けようがない。チャットで「ヘルプ！」の声を上げられれば、リーダーやサブリーダー（美香とさつき）が適切に手助けすることもできる。クレームをたまたま受けた人が1人で抱えてしまうのも、精神的につらいという。それが耐えられなくて、短期間でやめてしまうスタッフもいるのだとか。

「それだけじゃない。運用チームへのエスカレーションや督促もラクになる」

不意に、斜め後ろからクールな声色が割り込んできた。美香だ。

ヘルプデスクメンバーは、自分たちで回答できない問い合わせやクレームは、運用チームに相談（エスカレーション）する。いまは、ユーザーからメールや電話で受けた内容を、メールに転記して運用チームのメーリングリストに送信していた。あるいは、緊急の場合は口頭で相談していた。

このやり方だと時間がかかる。さらには、口頭で相談しにいっても運用チームの担当者がいないなどの問題もある。社内の「うるさ型」からのクレームなど、受けている段階からチャットで運用チームのメンバーに共有してくれれば、その後の対応も早くなる。また、「あの件、どうなりました？」といった、運用チームにエスカレーションした相談事項の回答の督促も、メールではやりにくいがチャットならやりやすくなる。

「それに、メールは誤送信が怖いのよね……」

メール誤送信。意外にも、美香からそのキーワードが口をついて出てきた。

ユーザーからメールで受けた問い合わせを、メールで運用チームや関連チームの担当者に転送する。その際、間違った宛先を指定してしまう可能性がある。そのとき、もし社外の宛先を指定してしまったら……。ヘルプデスクがやり取りする情報には、社員やグループ会社スタッフの個人情報も含まれる。誤送信は由々しき問題だ。

メールは世界中どこへでも飛んでいってしまう恐れがある。これに対して、ビジネスチャットは、信頼した相手（宛先）のみのグループをつくり、社内あるいは情報システム部内のネットワークに閉じた環境で使うならば誤送信のリスクをかなり軽減できる。

——つながった！

真希乃は膝を打った。

・Slack 導入
・エンゲージメント向上

・メール誤送信対策

一見、何の関連もないバラバラな3つのキーワードが、1つの宇宙の中で立体的につながる絵が、真希乃の頭の中にぱーっと広がる。これならイケそうだ。

真希乃は午後イチで、掛塚に提案した。

「わかった。承認する」

掛塚は静かに、首を縦に振った。

あらかじめ、ビジネスチャットのメリットとデメリットをスライドにまとめておいたのも功を奏した。LT大会に参加し、情報収集しておいてよかった。

ただし、遊び道具じゃないのだからその辺はわきまえたうえで、正しく活用すること。掛塚は念押しして、その場を去った。こうして、運用チームはまた一歩前進した。

――ゆくゆくは、ユーザーとのやり取りもチャットにできないかしら。チャットボットを使えば、ヘルプデスクの対応そのものがラクになるし、サービスも向上するかもしれない。

真希乃は、少し先の未来を想像してワクワクした。

問題整理

エンゲージメント低下の負のサイクル

様々なパズルのピースが整い始め、真希乃に追い風が吹いてきたようですが、ここでも問題を整理しておきましょう。図6-1のような負のサイクルが発生していました。

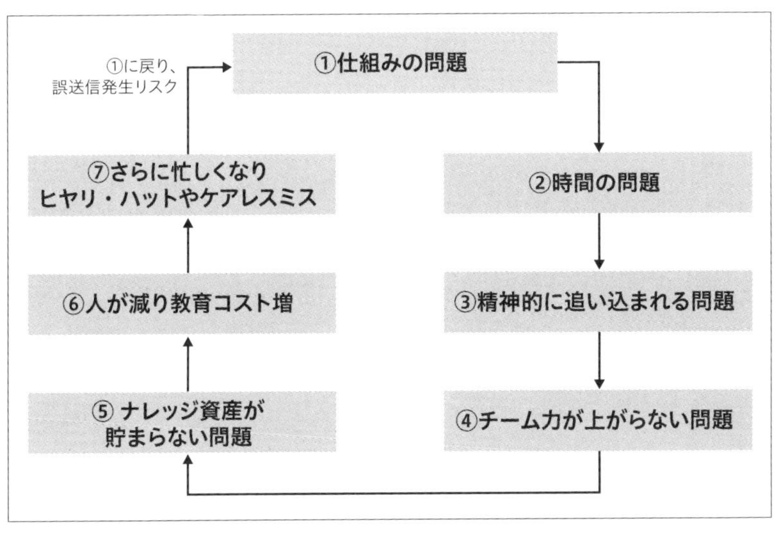

図6-1　負のサイクル

まず、根底に**仕組みの問題**があります。メールの誤送信による個人情報の漏えいなど、顧客の信用を落としてしまう問題です。メールの仕組み自体が悪いわけではないですが、社内のクローズドな環境のみのコミュニケーションと社外へのコミュニケーション手段が同一であることで、トラブルが発生してしまう頻度は高まってしまうでしょう。また、メールでの形式張った挨拶なども社内では手間となるでしょう。

このメールのみのコミュニケーションに頼ることで発生するのが、**時間の問題**です。チャットツールとは異なり、気軽に即答できないことによって問題解決まで時間がかかってしまいます。

同時に、担当者が問題を抱え込んだりしてヘルプを上げられないことから、精神的に追い込まれてしまうこともあります。

もし、状況の共有ができていれば、チームとして協力できたり、助け舟が出せたりして、チーム力が上がっていくわけです。

負のサイクルの状態では、気軽な気付きやヒヤリ・ハットを共有できないので、ナレッジや知恵が組織の中に貯まっていきません。そして派遣社員などのメンバーが定着しなかったり、退職が発生すれば、新人に仕事を教える現場のメンバーの時間も含め、教育コストがかかります。忙しくなればケアレスミスも多くなり、メールの誤送信だけでなく、他のミスが発生する可能性も高くなるわけです。

それから、これまでメンバーのエンゲージメントが上がらなかった状況も整理してみましょう。

社員満足度調査でダントツの最下位になってしまった情報システム部。エンゲージメントを高めることは部長と課長の関心を集めています。コミュニケーションがギクシャクしていて、うまく回っていないことが要因でしょう。そして、会社全体としてもメール誤送信が大きな問題となっています。メールもコミュニケーションの仕組みの1つです。どちらの問題にも共通するのは「コミュニケーション」。このような問題に対して、チャットツールを導入することで**負のサイクルを断ち切り**、エンゲージメントも上げるという作戦なわけです。スピード感を持って会話のキャッチボール、つまり**「言える化」するための仕掛け**づくりへと踏み切ったのでした。

課題
- エンゲージメント向上

問題
- メール誤送信
- メールの限界

手段
- チャットツールで情報共有

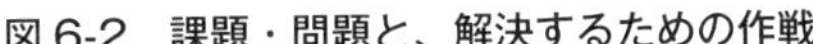

図 6-2　課題・問題と、解決するための作戦

現場での実践ポイント

言える化の仕掛け

「言える化」で実現できること

では、チャットツールを導入した「言える化」で実現できることを紹介していきましょう。

まず、気軽にやり取りできるため、**コミュニケーションスピードが圧倒的に上がり**ます。「お疲れ様です」や「よろしくお願いします」といった挨拶を抜きにして本題だけに絞ることができたり、開発部門に対処の可否を聞いたり、会議の参加がYesかNoかを聞いたり、口頭でのコミュニケーションと同じような感覚でやり取りできます。

また、オープンなコミュニケーションも形成できます。パブリックチャンネルに対応状況や質問などを投げることで、困っている状況やヘルプの表明もできるようになります。過去に携わったメンバーや意思決定する立場の人が応答することで、**解決までの時間短縮**が期待できます。

そして、こういった知識が資産として残っていきます。口頭でのやり取りでは消えていったものが、これからは蓄積されます。例えば、振替休日の申請の方法が見つけられなくて、誰かが総務部門に聞いた回答の履歴があったとき、同様の疑問が発生したメンバーは、検索機能を使って自己解決できるのです。

さらに、精神的負担を下げられます。自分のスキルや経験や知識では、らちがあかないときにも気軽に聞けたり、ヒントがもらえたりします。ムダに長時間悩まなくて済むわけです。エスカレーションすべきかどうかで迷っている時間も浪費せずに済みます。

もう1つ、情報漏えいのリスクを低下させることもできます。ツールやチャンネルを分けて経路を切り離したり、社内の権限でしかファイルにアクセスできないようにファイルシステムと組み合わせるなどの方法で、情報漏えいのリスクは低下します。

Slack などのチャットコミュニケーションツールを導入すると、メールアプリを見る頻度が激減することでしょう。メールによるやり取りの頻度が下がれば、もちろんメールによる情報漏えいの頻度も下がることになります。

①気軽なやり取りでコミュニケーションのスピードがアップする

②オープンなコミュニケーションを形成できる

③状況やナレッジがログ化され、検索できる資産となる

④精神的負担を下げ、個人が抱え込まなくてよくなる

⑤クローズドな環境をつくることができ、情報漏えい防止になる

図 6-3　チャットツールで実現できること

チャットツールをうまく始めるための 3 つのポイント

さて、チャットツールを導入する際のポイントを見ておきましょう。上司などから承認が下りたとしても、社内のメンバーの IT リテラシーやコミュニケーションスキルはバラバラです。最低限のルールやガイドラインなどをつくっておかないと、運用側の負担が増加してしまいます。

また、ツールを導入しただけの状態ではメンバーのスキルも上がらず無法地帯になりやすく、チャットツールの利点を活かしきれません。業務効率化のためにも、図 6-4 のポイントを押さえておきましょう。

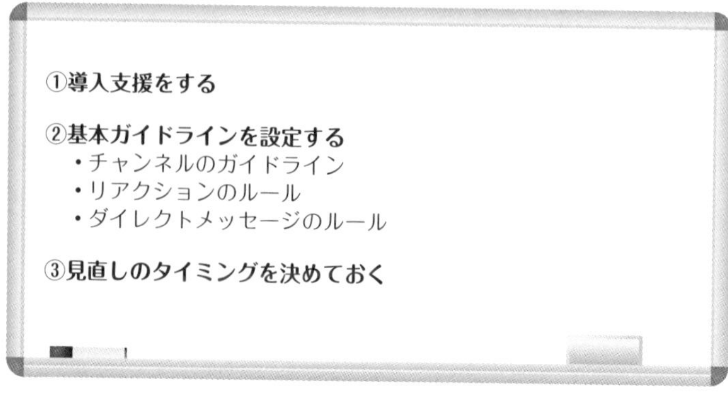

図6-4 チャットツールをうまく始めるための３つのポイント

①導入支援をする

全員が新しいシステムにすんなり入っていければよいですが、そうもいかないでしょう。チャットツールの使い方がわからなくて敬遠する人も一定数はいるはずです。こういったメンバーにも丁寧に対応できるよう、浸透させるための支援をしていきます。

例えば、導入の説明会や、一緒に操作する体験会、気軽に相談できる場所の設置や、定期的な相談会も有効です。また、こういった新しい仕組みに興味を持ってくれるメンバーは各部署にいるはずです。そういったメンバーを特任大使、アンバサダーとして巻き込むのもコツです。**アンバサダーを任命することで横展開もしやすくなります。**

②基本ガイドラインを設定する

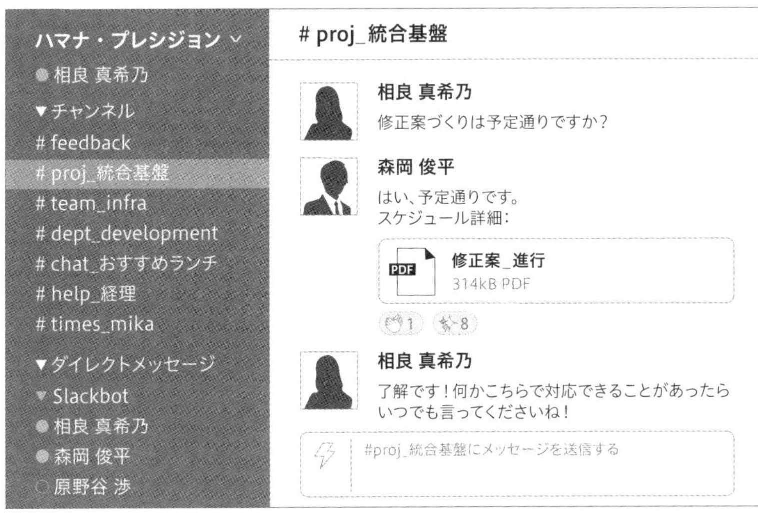

図6-5　チャットツールのイメージ

基本ガイドラインは、ルールではなくあくまでガイドラインという位置づけがよいでしょう。命名規則や利用方法の自由度、柔軟性が高いことのメリットを削がないようにしたいところです。

「社内コミュニケーションはチャットツールに統一する」と公式に宣言することで、「メールを使うの？ チャット使うの？」とメンバーを迷わせないようにすることも大事です。

チャンネルの共有設定に関してですが、基本はパブリックチャンネルにして、プライベートチャンネルは例外扱いにするとよいでしょう。プライベートチャンネルやダイレクトメッセージの閉じたコミュニケーションでは、これまでの井戸端会議と同じになってしまいます。密室の意思決定とならないように、オープンなコミュニケーションをすることで、**誰でも情報を知ることができるようにし、ナレッジの検索性も高め、組織の資産にしていきましょう。**

そして、チャンネルの目的を入力しておくことも大切です。チャンネルの検索性をアップさせることで、「この問題は誰に聞けばいいんだろう？」というときに検索しやすくなります。その結果、すばやく関係者にたどり着けるようになります。もしそのチャンネルですでに議論がされていれば、**誰の手もわずらわせることなく自己解決も可能**になるのです。

チャンネル名のガイドラインは、接頭語のルールを決めておくことで、チャンネル名を見ただけで何のチャンネルであるか理解しやすくなります。チャンネル名をつくる際はなんとなく決めてしまうものですが、チャンネル数が膨れ上がった状況をイメージするとよいでしょう。チャンネルがグルーピングされていることで検索性も向上します。

チャンネル名の付け方	チャンネル名の例
chat_ 雑談グループ名	chat_tech、chat_ おすすめランチ
team_ チーム名	team_dev、team_infra
proj_ プロジェクト名	proj_ 統合基盤、proj_ 人事制度改革
dept_ 部署名	dept_development、dept_sales
times_ 個人の分報レポート	times_makino、times_mika
help_ 相談先	help_ 総務、help_ 法務、help_ 経理、help_ 情シス

表 6-1　チャンネル名のガイドライン例

次はリアクションや応答に関してです。「お疲れ様です」や「よろしくお願いします」は気軽な会話をよしとするチャットにはそぐわないでしょう。「挨拶はなくてもよい」「反応は返信ではなくスタンプや絵文字のリアクションで OK」というルールも盛り込みましょう。

気軽に応答できることでコミュニケーションスピードは格段にアップします。例えば、賛成、反対、承認、参加、不参加などをスタンプや絵文字で示すことで、決定事項の賛否や MTG の参加人数などもリアクションだけで把握できるようになります。全員への連絡や返信メールでのやり取りが一切なくなるということだけでも、時間や手間削減の効果の高さを実感できるのではないでしょうか。

そして、ダイレクトメッセージのルールが浸透するかどうかが、**チャッ**

トツールを活用できているかどうかの証になるでしょう。ダイレクトメッセージを利用してしまう側の心理として、不安やプライドが影響しているのかもしれません。「こんなことを聞いてしまうのは恥ずかしい」「タイムラインに重要でない文を流して迷惑かも」「自分の立場上、こんなことくらいは知っていなくてはいけない」といった思いが脳裏をよぎることはきっとあるでしょう。しかし、自分がいま困っていることは、他の誰かが未来に困ることでもあるのです。共有財産になるように、パブリックチャンネルに投稿するよう促しましょう。

しかし、メンバーそれぞれにおいて、言語化する能力に差があることは否めません。こういった場合には、チーム内で分報（「times_自分の名前」というチャンネル）をルール化して、進捗報告などを随時上げていくなど、徐々に慣れていきましょう。

このように、基本ガイドラインを策定しておくことで、余計なやり取りが減少し、業務の効率化が図れます。

③見直しのタイミングを決めておく

導入だけではなく、見直しのタイミングも事前に設計しておくとよいでしょう。Backlogを導入したときと同じですね。「未来永劫このルール」にするのではなく、活用する中で見直していきましょう。

情報量やチャンネル数が増加したり、利用者が増加することで、これまでとは違った問題が発生すると思います。しかし、ふりかえる文化が根付いていれば、解決はたやすいことです。カイゼンする際は、利用状況のログやダイレクトメッセージ率、社内への浸透具合などの定量的な数値を使って、次の作戦に活用しましょう。気軽さと柔軟さが特徴であるチャットツールこそ、カイゼンしながら使いこなしていきやすいのです。

メリットや副次効果

チャットツールは様々なクラウド系サービスと**システム連携できる**ようになっていて、クラウドサービス間を画面移動する手間がほとんどありません。緊急の案件により早く気が付くようになったり、意思決定が早くなることでプロジェクトのタイムラグが減ってスムーズになり、仕事の快適性がアップするでしょう。

例えば、Backlogと連携することで、チケットの進捗状況に更新がかかった際に、チャットツールに通知が来るようにできます。リアルタイムで状況や内容を把握することができるので、サービスの間を行き来する手間がなくなります。また、Googleカレンダーなどのカレンダーツールと連携すれば、追加したイベントのリマインド通知もできるようになります。そしてリモートワークが増加する状況の中では、Web会議サービスのZoomと連携することで「/zoom」と入力するだけでZoomのIDが割り振られビデオ会議をすぐさま立ち上げられます。

また、毎月発生するような定型業務や、メンバーが忘れがちで期限ギリギリに催促しなくてはいけないことなどを**bot化**（タスクを自動化するプログラム）してしまえば、管理の手間が省けます。こういったメリットを体験してしまうと、便利すぎてメール文化には戻れなくなってしまいます。これらがチャットツールが浸透している理由なのでしょう。

1点注意することとして、テキストだけのやり取りだけではなく、リアルでのコミュニケーションも大事にしたいところです。例えば家族とLINEでしかコミュニケーションしないというのは、温かみを欠いてしまいますよね。家庭内でも社内でも同じことです。コミュニケーションは種類や用途で使い分けましょう。重要な場面では**口頭、音声、映像などを併用**し、バランスを考えながら、よりよいコミュニケーション文化を社内に築いていくことが大事なのです。

さらなる探求

共通のゴールを探る

「そんなにうまくはいかないよ」「ウチのチームや上司のもとでは……」「ウチの会社では無理なんだよなぁ」という声も聞こえてきそうです。

ここでは、「自分のキーワードだけを主張していてもダメ。相手のキーワードに飛び込もう」という葵の言葉を深掘りしていきましょう。

何かのツールや仕組みを導入したいときや、説得を試みる際に、こちらのメリットを主張するだけになりがちです。あるいは、世の中で流行っているから、イケている他社で導入されているからという理由で、手段先行で憧れてしまうのも当然です。しかし、**相手の最大の関心事との橋渡し**をしない限りは、なかなか承認は得られないでしょう。

承認権限のある上司などの不平不満に耳を傾けたり、関心事を事前に探っておいたりする心がけが必要です。その関心事を解決するための手段として提案していきます。自分自身の意見を殺して妥協するということではなく、**お互いの共通のゴールを「握る」**ということです。

今回の場合には、Slackという手段だけでは、対立構造は解消しませんでした。その上位にある関心事やキーワードまで突き詰めていくと、お互いに合意できるレベルになります。「言える化とコミュニケーションのスピードアップ」「エンゲージメント向上と情報漏えい防止」はお互いにとってメリットのあることでしょう。そして、さらにその上位にある共通のゴール「メンバーの満足度が上がり、イキイキと仕事ができる」までいけば、反対する上司はいなくなるでしょう。こういったことから合意を重ねていくことで、その一手段としてSlackを導入するわけです。「会社や上司はわかってくれない」「現場は何もわかっていない」と対立するのではなく、**断絶に橋をかけていきましょう**。

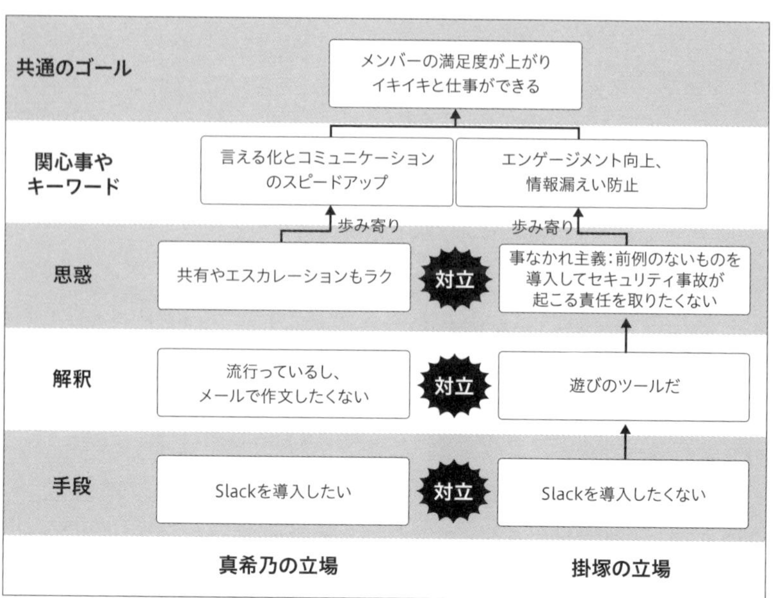
共通のゴール
メンバーの満足度が上がり
イキイキと仕事ができる
関心事や
キーワード
言える化とコミュニケーション
のスピードアップ
エンゲージメント向上、
情報漏えい防止
歩み寄り
歩み寄り
思惑
共有やエスカレーションもラク
対立
事なかれ主義:前例のないものを
導入してセキュリティ事故が
起こる責任を取りたくない
解釈
流行っているし、
メールで作文したくない
対立
遊びのツールだ
手段
Slackを導入したい
対立
Slackを導入したくない
真希乃の立場
掛塚の立場

図6-6　共通のゴール

第 7 章 快感体験

Keywords

・職場環境と空間づくり
・コラボレーション
・チェンジ・エージェント

Slackを使い始めてから、運用チームのコミュニケーションは格段によくなった。全員への情報の周知はもちろん、メンバー同士、メンバーとリーダー間で、ちょっとした相談もしやすくなった。

とりわけ、ヘルプデスクと運用チームとの間のコミュニケーションカイゼン効果は大きい。

ひっきりなしに電話対応をしていること、そして個人情報を取り扱うことから、ヘルプデスクルームはフロアの端っこの囲われた部屋にある。これが、ヘルプデスクメンバーと運用メンバーとのコミュニケーションを阻害していた。移動するのも難儀だから、小さなヒヤリ・ハットはわざわざ報告しなくなる。いまではSlackを使って、ヘルプデスクメンバーも運用メンバーも、自席で自分の業務に集中しつつ、トラブルやクレームの情報を共有したり、報告・連絡・相談をしている。

「いまクレーマーの電話対応中。なんか逆ギレしてる……勘弁してほしい！（泣）」
「つらいね」
「がんばって！」
「こじれそうなら、私が代わるから言ってね！ 毅然と対応してやるから！」
「ありがとうございます。もう少しがんばってみます！」

こんな気軽なやり取りが、ヘルプデスクメンバー同士、ヘルプデスクと運用チームのメンバーの間で生まれた。状況を伝え合ったり、共感し合ったり、助け合ったりできるようになった。

リーダーの真希乃にとってもありがたい。会議に参加しながら、Slackでメンバーに助言や励ましのメッセージを送ることができる。

あるいは、会議中に真希乃が自分1人では決められないテーマが出てきたとき、その場にいない他のメンバーにSlackで意見を聞いて判断することができる。
「悩みやストレスを1人で抱えなくてもいいんだ」「ここでは、愚痴を言ってもいいんだ」、こんな安心感もメンバーに芽生えてきた。いままでのメールと口頭ベースではなかった、コミュニケーションの景色の変化だ。
——心理的安全性って、こういうことなのかも。
真希乃はそう感じた。
もはやチャットは単なるコミュニケーション手段ではない、いわんや、掛塚の言うような遊びのツールでもない。オンラインのチームビルディングツールであり、進捗マネジメントツールである。
「認証基盤チーム、Slack使っていていいな」
「ウチもチャット使いたいな」
いつしか、他のチームのメンバーたちからもこんな声が聞こえるようになった。
「新しい取り組みを始めるのは勇気がいる。でもね、まずは中に、やがて外に変化のファンが生まれてくる。そうして、組織のカルチャーって変わっていくもの」
葵の言葉に偽りはない。真希乃は手ごたえを感じていた。

Backlogを使ったチケット管理も板についてきた。運用統制チームの掛け声のもと、いまでは認証基盤運用チームのみならず、ネットワークチーム、インフラ基盤チーム、監視チームなどすべてのシステム運用組織がBacklogでチケット管理をするようになった。その統合運用が始まってから早1カ月。最初はぎこちなかったものの、チーム間のコミュニケーションもラクになっている。

「270(ニーナナマル)の対応状況を教えてください」

「監視チーム、昨日の夜間バッチのエラーログを解析して異常がないか確認しています」
「運用チーム、影響を受ける可能性のあるユーザー数を調査しています」
「ヘルプデスク、クレームをしてきたユーザーに今後の対応方針を1次回答済みです」

「ネットワークチーム、161（イチロクイチ）との類似事象と見て、対応策を検討中です」
「それなら、ユーザーには378（サンナナハチ）同様の回答をしてください」

「242（ニーヨンニ）より、355（サンゴーゴ）の対応を優先してください」

いまでは、皆チケット番号（チケット発行時、システムが当該チケットに自動付与するユニークな番号）でインシデントやクレームを特定し、会話している。異なるチーム間で、同じ言葉でコミュニケーションできるようになった。対応優先度の意識合わせや、進捗状況の共有もスムーズだ。新しく入ったメンバーも、Backlogでその番号のチケットを参照すれば事象、背景、対応方法などを理解できる。業務説明や引継ぎもしやすい。

同じレールの上で、異なるスペックの車両が同じ目的地に向かって走っているように、同じチケット管理システムの上で、得意分野の異なるプロが同じゴールに向かって走っている。

真希乃は、俊平や渉がネットワークチーム、監視チームなど他チームのエンジニアと会話するようになったのを見て嬉しくなった。いままで、彼らはほとんど自分のチーム以外の人と話すことなんてなかったから。

――共通フレームワークって、多様なメンバーが活躍するために大事なんだな。

お互い無関心で意識もバラバラだった職場。だんだんと、チームを越えたコラボレーションが生まれてきた。お互いのチームが何をやっていて、どんな価値を出しているのか見えるようになってきた。やがて、その状態が心地よくなってくる。そして、人は快感を体験するとその変化のファンになる。もう元には戻れない。改革推進者とは、変化による快感体験をつくる人なのだろう。真希乃は自分なりの意味づけをした。

こうして徐々に、皆の職場や仕事に対するエンゲージメントが高まってきた。真希乃はその変化を実感している。情報システム部の重点課題の１つ、「エンゲージメントの向上」は着実に達成されつつある。

しかし、真希乃はまだ満足していなかった。

――もっと、メンバー同士、チーム同士でコラボレーションできる職場にしていきたい。自分たちの仕事に誇りを持てる、そんな職場環境にしていきたい。

真希乃はその答えをまだ持っていない。

そんな矢先、オフィスのレイアウト変更の話が持ち上がった。働き方改革の一環で、生産性の高いオフィスづくりを目指すという。真希乃たちのいる、情報システム部のフロアも対象だ。

「相良さんも検討メンバーになったから、打ち合わせに参加して」

掛塚は有無を言わさぬ口調で、ぶっきらぼうに言い放つ。

「検討メンバーになったから」って、なんて一方的な……。忙しいのに、事前説明もなしに勝手に新しい仕事をアサインしないでほしい。真希乃は一瞬イラっとしたが、怒るのをやめた。これは、もしかしたらチャンスかもしれないと考えたからだ。

情報システム部のオフィス環境は、お世辞にもよいとは言えない。

執務は固定席で、会議は会議室で。柱の少ない「大部屋」構造であるものの、各チームの「島」が無機質に並ぶだけ。ちょっとした会話をするスペースも、リラックスできる空間もない。なんとか、チームの意識合わせをするためのホワイトボードは置かせてもらえたが、それすら危うく撤去させられそうになった。そんな環境で、果たして生産性やモチベーションが上がるだろうか？ コミュニケーションが活発になるだろうか？

——そういえば、葵さんの会社。オープンでイイ感じよね……。

真希乃は「アジャイル勉強会」での、葵の基調講演を思い出した。プレゼンテーションのスライドに、たびたび葵の勤務先（北欧雑貨を扱う通信販売の会社）の写真が登場し、そのお洒落さに感心した。明るくて開放的。執務スペースの脇には、カフェコーナーが設置されている。ソファや本棚なども置いてあって、メンバーは自由にくつろいだり学習することができる。

「よかったら、一度ウチのオフィスに遊びに来たら？」

またも魅力的なレスポンス。真希乃は葵の言葉に甘え、さっそく葵のオフィスを訪問することにした。

＊＊＊

情報システム部のオフィスリニューアル検討プロジェクト。総務部も交えて検討を重ねた結果、情報システム部のフロアは執務エリア、コラボレーションエリア、会議エリア、リフレッシュエリアの4つの区画で再整備することになった。

執務エリアは、従来通りの「島」。すなわち、各チームの机と固定席が並んでいる。ただし、固定席だけではコミュニケーションが生まれにくいため、フリーアドレスの大机も設けた。自分の座席以外で仕事をしたい人は、ノートパソコンや書類を持ち込んで自由に仕事することができる。

コラボレーション
エリア
執務エリア
運用統制
ルーム
会議エリア
リフレッシュ
エリア

コラボレーションエリアは文字通り、チーム内およびチームを越えた協業（コラボレーション）をしやすくするための空間だ。執務エリアとのパーティションを設けず、オープンな空間に大きなテーブルを5つ配置。それぞれに大型ディスプレイとホワイトボードを置くことにした。垣根を設けないことで、かつディスプレイとホワイトボードを活用することで、誰が何をやっているのか、通りすがりにでもわかるようにする狙いだ。もちろん、ペーパーレスを促進する効果もある。原則、会議時の紙の書類の印刷と配布を禁止し、資料はディスプレイに投影して議論することとする。ついでにプリンターもコラボレーションエリアに移設する。いままではオフィスの端っこの目立たない区画にあったが、それではコミュニケーションが生まれにくい。置き忘れられた書類が、いつまでたっても「持ち主不明」のまま放置され続けるなど、セキュリティ上もよろしくなかった。

会議エリアはオフィスの端っこに。いままで通りの壁に囲われた会議室（ただし、ガラス張りにし誰が何をやっているのかは外からわかりやすいようにする）と、通称「ファミレス席」と呼ばれる、ファミリーレストランのボックス座席のようにパーティションを低くした、オープンな会議コーナーの2種類を設けた。

リフレッシュエリアは、フロアに入ってすぐのところに設置する。タバコ部屋のような、離れたクローズドな空間では行きにくいし、コミュニケーションも生まれにくいと考えたからだ。エスプレッソマシンとお菓子コーナーもある。さらには、ソファとミニテーブルも用意する。休憩しながらアイデアを考えたり、ちょっとした雑談や相談をしやすいようにしたい。本棚も設置して、技術書やビジネス書、雑誌など、皆の学習につながる本を置いて閲覧・貸し出しできるようにする。リラックスだけではなく、学びも誘発したい。もちろん、ここにもホワイトボードがある。リフレッシュしながら浮かんだアイデアを書き留められるようにするためだ。ホワイトボードがあれば、くつろぎながら、チームで簡単なふりかえりなども行うことができる。

もう１つ。真希乃は、運用統制ルームをフロアの中心に配置することを提案した。

運用統制チームは、すべてのチームを統括する要である。すなわち、チームを越えたコミュニケーションのハブでなくてはならない。だから、誰もが出入りしやすく、誰もが気付きやすい場所に置きたかったのだ。「ルーム」とはいえ、コミュニケーションをよくするため完全には囲わない。ここにもホワイトボードとディスプレイを設置し、「ここを通りかかれば、チームを横断した優先課題や進捗状況がわかる」「ここに駆け込んで騒げば、重大インシデントの発生を周りに伝えることができる」ようにする。それは、情報システム部門のガバナンス強化にも通じる。

「そうか。ガバナンスに効くのはいいな」

運用統制チームを統括する課長は、まんざらでもない表情を浮かべた。ガバナンス強化は、運用統制チームの重要テーマの１つだ。今回のオフィスレイアウト変更で、運用統制チームを柱にした、情報システム部門全体の運用統制の強化にドライブをかける。運用統制チームにとって、悪くない話だ。こうして、運用統制チームを味方につけた。

――相手のキーワードに飛び込む。

真希乃は再び、そのメッセージを脳内でリフレインさせた。葵の言葉の受け売りだが、もはや真希乃の成功体験として身体に染み付いている。

これらは、真希乃が情報システム部のオフィスリニューアル検討プロジェクトメンバーと一緒に、葵のオフィスを見学したうえで提案したものだ。

真希乃が１人で見学してもよかったが、それではプロジェクトメンバーの視野が広がらない。真希乃は常々、ここ（情報システム部）の人たちの「内向きさ」を残念に思っていた。真希乃自身、あの日「アジャイル勉強会」に参加して葵と出会うことができた。そこから、世界が広がり、そしてチームに変化をもたらすことができた。そのリレーを、周りの人たちにもつなぎたい。だから、あえてプロジェクトメンバーも連れていったのだ。

皆、大いに刺激を受けた。その後、自らの意志でオフィス家具メーカーのショールームに足を運んだり、オフィスEXPOなどのイベントに参加して、最新のオフィスソリューションの情報を収集したメンバーもいたくらいだ。

「新しいことを知るって楽しい」

そんな言葉が交わされた。これも、快感体験の創出だ。

こうした取り組みは、間違いなくそこで働く人たちのエンゲージメント向上にも寄与するはずだ。

社員のエンゲージメントを向上させる。そのための施策といえば、「飲み会」だの「懇親会」だのといったレクリエーションに走りがちである。レクリエーションがエンゲージメント向上に効かないとは言わない。しかし、その職場で学びやセイチョウが得られるかどうかこそが、社員、いや、社員を含むチームメンバーのエンゲージメントの向上に寄与するのではないか。

・仕事しやすい環境
・1人で悩みを抱えない環境
・自分の仕事にフルコミットできる環境
・プロとしてセイチョウできる環境

こうした環境や風土構築もまた、エンゲージメント向上のための肝なのだ。

真希乃はこんなマトリクスを、目の前のホワイトボードの隅に書いた。

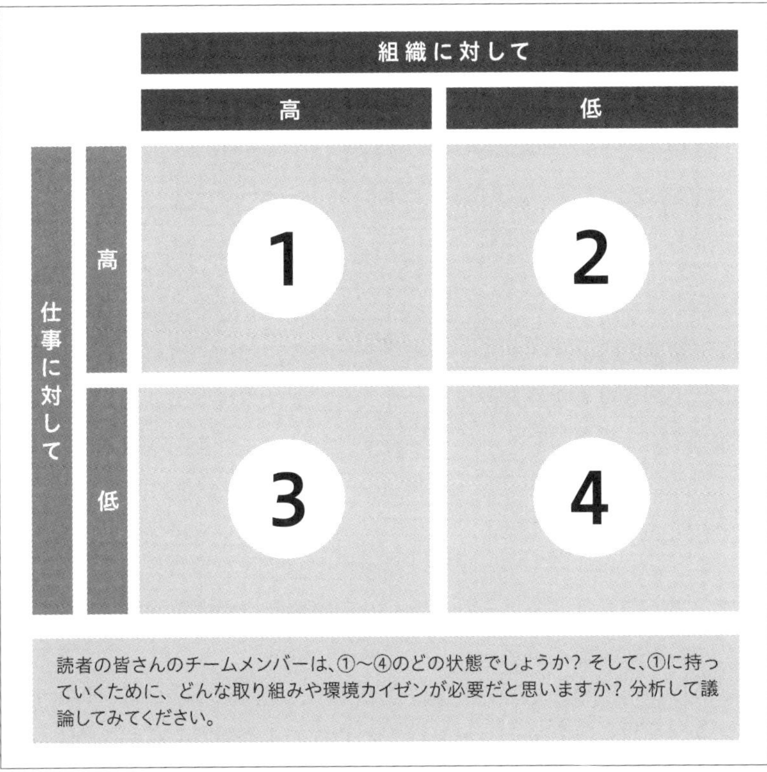

読者の皆さんのチームメンバーは、①〜④のどの状態でしょうか？ そして、①に持っていくために、どんな取り組みや環境カイゼンが必要だと思いますか？ 分析して議論してみてください。

図 7-1　エンゲージメント 4 象限

解説

問題整理

コミュニケーションを阻害する空間はコラボレーションに悪影響

オフィスリニューアルプロジェクトに参画し、コラボレーションを生み出す職場環境にすべく、メンバーとともに奮闘中の真希乃たち。さらなるセイチョウをするために、ここでも状況を整理しておきましょう。

Backlogを部署のチームに拡大させたことと、Slackを導入したことで、図7-2にまとめたように、チーム間のコミュニケーションが大幅にカイゼンされました。トラブルやクレームの報告・連絡・相談がしやすくなっているようです。また、様々な得意分野を持つメンバーが共通のゴールに向かう姿も見られ、チームを越えたコラボレーションも生まれています。

しかしこれで満足していてはいけません。ヘルプデスクはフロアの隅に追いやられ、他チームのメンバーとのちょっとした会話が生まれにくい状況にあるようです。ランチや休憩時に廊下ですれ違う際に生まれる立ち話から、新しい仕事のきっかけやヒントをもらうこともあるでしょう。こういった機会が必然的に生まれるように、まだまだカイゼンできることがあるようです。**コラボレーションが生まれる組織**になるよう、さらなる飛躍を目指しましょう。

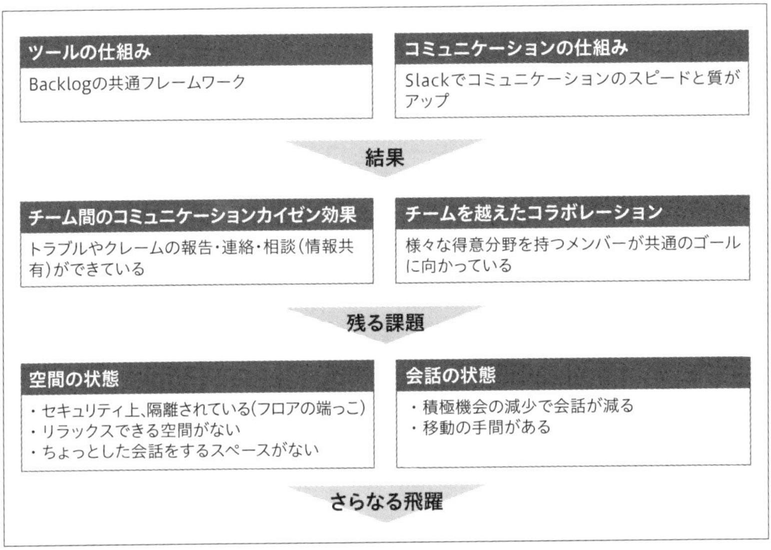

ツールの仕組み

Backlogの共通フレームワーク

コミュニケーションの仕組み

Slackでコミュニケーションのスピードと質がアップ

結果

チーム間のコミュニケーションカイゼン効果

トラブルやクレームの報告・連絡・相談（情報共有）ができている

チームを越えたコラボレーション

様々な得意分野を持つメンバーが共通のゴールに向かっている

残る課題

空間の状態

・セキュリティ上、隔離されている（フロアの端っこ）
・リラックスできる空間がない
・ちょっとした会話をするスペースがない

会話の状態

・積極機会の減少で会話が減る
・移動の手間がある

さらなる飛躍

図 7-2　チーム間のコミュニケーションカイゼン効果

現場での実践ポイント

空間をデザインする：コラボレーションの誘発

コラボレーションで実現できること

では、コラボレーションでさらなる飛躍をする作戦を見ていきましょう。既存のコミュニケーションを阻害する状況をカイゼンし、活発なコミュニケーションにより問題解決をしている空間になれば、生産性もアップし、仕事への取り組み方も変わります。そんな**学びやセイチョウが得られる空間**をつくり、**仕事に誇りを持てる職場環境**を構築するのが目標です。

毎年、期末や組織変更に合わせたフロアの引越しを何度も経験している人も多いのではないでしょうか。オフィスのレイアウト変更の機会を活かして、コラボレーションが生まれる空間に変えていきましょう。

さて、真希乃がいろいろと妄想を膨らませていましたが、コラボレーションを誘発して実現できることを見ていきましょう。まず、誘発させるためには、**偶然の出会い、必然の出会いが起こる空間と体験**を意図的に仕込む必要があります。そのための手段が空間づくりです。

チームを越えた協業が生まれるように、**人の動く動線上にあえて接触ポイントを設置**していきます。ドアの入り口近くは人が行き来することが多いので、そういった場所に部署全体の進捗を把握できるようなカンバンボードや、緊急トラブルの状況を表すインシデントボードなどを配置します。マネージャーが管理するというのではなく、おのおのがその状況に合わせて**行動を感化**させられる仕組みにしていきます。

このような場所で立ち止まって、他愛もない会話をすることで、困っていることをポロッと漏らしたり、ちょっとした手助けができるかもしれません。例えば、自身が過去に遭遇したトラブルで他の人が悩んでい

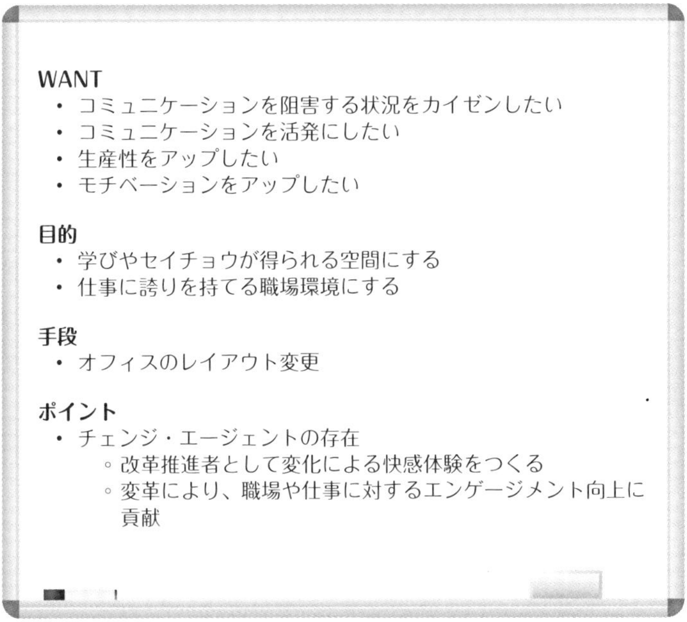

WANT
- コミュニケーションを阻害する状況をカイゼンしたい
- コミュニケーションを活発にしたい
- 生産性をアップしたい
- モチベーションをアップしたい

目的
- 学びやセイチョウが得られる空間にする
- 仕事に誇りを持てる職場環境にする

手段
- オフィスのレイアウト変更

ポイント
- チェンジ・エージェントの存在
    - 改革推進者として変化による快感体験をつくる
    - 変革により、職場や仕事に対するエンゲージメント向上に貢献

図 7-3　コラボレーションでさらなる飛躍をする作戦

そうだったら、デスクまで行って瞬時に解決してあげられるかもしれません。自分の後工程の人が困っていた場合、その日の自分の作業の順番を変えることで、その人の待ち時間が削減され、全体としての効率が上がるかもしれません。そんな機会がオフィス空間の至るところにあったら、職場がより活性化するでしょう。

第５章で、部長と真希乃がホワイトボードの前で作戦を考えていたシーンがありました。それが日常の風景になるイメージです。３人目や４人目が会話に加わってきて、「それは私の担当のところなので、席に戻ったら結果を共有します」とか、「ちょうどいま取り掛かっていて、小一時間で解決しそうですよ」とか、「エスカレーションしてもらえると負担が減ります」とか、「意思決定や承認を進めてもらえると午後の仕事がしやすくなります！」といった会話が生まれるようになるでしょう。**コラボレーションによって、滞っていた仕事の歯車が、ギアを変えて高速に回り始める**のです。

コラボレーションを生む空間づくりのポイント

では、こういった環境づくりのために必要な備品などを確認していきます。気軽に話せるようにするために、スタンディングテーブルやハイチェアー、ホワイトボードなどを設置するとよいでしょう。ソファなどを置いてプチミーティングスペースとするのも効果的です。

このような空間で生じた雑談から、業務の相談に発展したりします。技術的な解決策を落書きするようにホワイトボードに図示しながら、論理構造や因果関係をまとめることで、悩んでいたことが整理されたり、近視眼的な手段にとらわれていて気が付かなかった、本当に解決しなくてはいけないことに気付いたりします。こういった**雑談の力**を味方につけましょう。長期間１人で悩みを溜め込まないのが大切です。考えていることを言葉にしてみたり、文字に起こしたり、図で関係性を表現してみることで、違った気付きが得られる可能性が高くなります。人に相談していたら、その過程で解決の糸口に自分で気が付いた、という経験をしたことがある人もいるでしょう。問題を解決しようとしている主体が本人にあれば、周りのメンバーも相談に乗りやすいのです。

次に、お菓子の力を借りる方法を紹介します。その名も**「おやつ神社」**。人の動線に、煎餅やチョコレートなど、ちょっとつまめる個包装のおやつを置いておく場所を建立します。食べ物があるとつい立ち寄りたくなるので、立ち止まっての雑談や相談などのきっかけづくりには最適でしょう。

おやつ神社を運営するコツは、神主という役割を設けることです。といっても大げさなことではなく、単におやつを買いに行く役割です。当番制にすることで、いろいろな人の好みのお菓子が揃ったラインナップになります。また、賽銭箱を設置することで自給自足ができるかもしれません。帰省や旅行の際のお土産を奉納する場としても面白いでしょう。おやつ神社での会話でチームが活性化し、甘いものの力で血糖値もアップし、パフォーマンスがアップすること受け合いです。

このような場から、リラックスした雰囲気の中で問題を解決したり、互いに学び合ったり、セイチョウを助け合ったり、部署をまたいで貢献し合ったりする環境が徐々にできあがっていくのです。**偶然により物事が進展する仕組み**を意識的に設計することが大事なのです。和気あいあいと話ができる雰囲気を手に入れられれば、チームの結束力やコラボレーションが生まれ、**働く人たちのエンゲージメント向上にも寄与**するでしょう。

図 7-4　おやつ神社のイメージ

人の価値観や、人が何を生きがいに仕事をするかは様々です。仕事をしやすい環境、自分がセイチョウできる環境、専門性を活かして全力で仕事に当たれる環境、チームで事に当たれる環境、自分が必要とされ人に貢献することに力を注げる環境など、好みは十人十色。また、会社のミッションに共感していたり、会社という組織やメンバーに対して愛着を持っていたり、業務内容やプロダクトが好きという価値観にもとづいて仕事をしている人もいると思います。

それぞれのメンバーに合わせて注力できる環境を構築して、適材適所で働くことができれば、エンゲージメントを大事にする会社の風土ができあがります。

メリットや副次効果

ここまで空間のデザインについてを見てきましたが、会議に対して皆さんはどんなイメージを持っていますか。１日中会議ばかりの日々において、「なぜ自分が会議のメンバーに入っているかわからない」「ひと言も発言やアイデアを口にしなかった」という経験はよくあるのではないでしょうか。「どうしてウチの会社は会議がこんなに多いんだろう？」と、あらゆる層の人たちが発言していませんか？ 密室の堅苦しい会議を減らし、人的・時間的コスト削減をしたいというニーズも多いでしょう。

ここまで説明してきたような、人の動線上に偶発を引き起こす場が**ムダな会議撲滅**への処方箋になります。通りすがりに「ちょっと相談乗ってくれる？」とか、「あれどうなったっけ？」という会話が至るところで発生するはずです。こうなると、問題を先送りにして雪だるま式に大きくなることがなくなります。定例会議まで放置されていたり、持ち越されていたりすることが減っていくわけです。つまり、通路の脇のスタンディングテーブルやプチミーティングスペースで、**そのつど解決する仕組み**が自然とできあがるのです。

また、月の計画会議やふりかえりが、こういった雑談と同じ場で実施されていたら、さらによい兆候です。本当に必要な事案に対して、自分たちの作戦基地で**自分事として事に当たれている証**です。文化として浸透していけば、何を目的に開催しているかわからない定例会議が激減するでしょう。

オープンな環境、リラックスした雰囲気の中でのアイデア豊富な会話が、ムダな会議の撲滅に役立つのです。場だけでなく発言も堅苦しくなりがちな密室の会議の必要性は、どんどん少なくなるはずです。

さらなる探求

チェンジ・エージェントの存在

チェンジ・エージェントの役割

真希乃のような組織変革の請負人、またの名を**チェンジ・エージェント（変革を担う代理人）**の役割を説明していきましょう。

変革はトップや上位の役職者がやるのがよいと思う人がいるかもしれません。しかし、真希乃が遭遇したように変革には抵抗がつきものです。経営陣であれば労使の関係から、現場との軋轢や断絶は相当なものがあります。経営目線と現場目線は、立場や業務内容の違いから、それぞれの関心事があまりにも違いすぎるのです。

なので、こういった組織改革には、不都合な真実に目を向けながらも放置するのではなく、**情熱を持って組織を動かしていく**、そんな真希乃のような存在が必要なのです。現場のメンバーをラクにさせたい、効率のよい仕組みに変えたい、思考停止ではなく本質を考えながらよりよくしたい、そんな思いのメンバーはどんな組織にもきっといるはずです。

チェンジ・エージェントに向いている人

では、どんな人が適任なのでしょうか。それは、担当、権限、役職に関係なく、**情熱を持って小さなリーダーシップを発揮している人**たちです。リーダーシップというと大げさに聞こえるかもしれないですが、自分で気が付き、自分で考え、自分で行動している人たちのことです。上司から指示されたわけでもなく、チームの見本となって能動的にリードしている行動特性を持ち合わせた人が向いています。

そんなリーダーシップを発揮している人の中でも、誰かがやらなくてはいけないことに対して、特に気が利いて、貢献や奉仕を自ら実践している人が組織の中にいるはずです。少し極端な例ですが、給湯室にコップやグラスが放置されていたり、廊下にゴミが落ちていたりしたら、見過ごさずにはいられないような人です。自然と行動に移れるタイプとも言えます。きっと自分自身の価値観や信念として放置や無視ができないのでしょう。「しょうがないなー」などと口にしながらも、ネガティブな雰囲気を一切醸し出さずに、テキパキと仕事をこなしていく人が実際に存在するものです。このように**場を和ませることを無意識にでき、話すことが好きで外交的な人**がチェンジ・エージェントには最適でしょう。

いま思い浮かばなくても、こういった視点で会社の中を観察してみると、やがて見つかります。部署間のコミュニケーション、プロダクトづくり、段取りやプロセスの中にも放置されているゴミはたくさん存在しているからです。

もし、誰も見当たらなければ、**行動を起こすのは気が付いてしまったあなたからです。**

もしかしたら、「何かを学びたい！」「変えたい！」という思いを持って、いまこの本を手に取っているのではないでしょうか。真希乃のように小さな行動を小さな範囲で行うだけで構いません。勇気を持って実践してみましょう。抵抗勢力と対立するのではなく、アジャイルの価値にあるように**「個人との対話」**を通じて、少しずつアジャイルプラクティスを導入してみてください。

課題解決のために考えた行動や経験は本人を一段とセイチョウさせてくれます。また、小さな意思決定を重ねることで、責任とやりがいのある大きな仕事を任された際の**重要な意思決定の訓練**にもなります。自らの意思で行動した経験は何物にも代えがたい自己投資につながるといえます。

欠かせないフォロワー

そして、チェンジ・エージェントには、フォロワーの存在も重要です。舞のように新しい取り組みに気軽に乗ってくれるフォロワーがいることが成功には不可欠なのです。否定的な人を説得することから始めるのではなく、ポジティブな反応を見せてくれるメンバーを大切にし、話を持ちかけてみましょう。

もし、あなたがチェンジ・エージェントやフォロワーを支援する立場なのであれば、彼ら／彼女たちの追い風になるように行動していきましょう。彼ら／彼女たちが貢献している、役に立っているという実感をより強く持てるように評価していくのです。そのためには、表面的な行動だけではなく、**人柄を認め、存在自体を讃える**ようにします。

チームに好影響を与え貢献していることの確信が持てれば、自身の存在意義に結び付き、より積極的に道徳的な行動を増やしてくれるでしょう。こういった人にスイーツやコーヒーを差し入れするなど、感謝の言葉とともにプチサプライズで喜ばせてみるのも手です。

第8章 衝突からのセイチョウ実感

Keywords

- クロスファンクション
- ドラッカー風エクササイズ
- 期待マネジメント
- KPT
- コンフリクトマネジメント
- モブワーク
- バリューストリームマッピング
- ECRS

「また、あいつら勝手に仕様決めやがって……」

渉は明らかに不機嫌そうな声でつぶやいた。乾いた舌打ちが、人の姿がまばらな朝のフロアに冷たく響く。

きっかけは、1通の仕様変更票だった。仕様変更票とは、情報システム部門で使われている公式ドキュメントの1つで、社内システムになんらかの仕様変更や機能追加が行われる際に発出される。変更の内容を事前に運用チームなどの関係者に周知し、スムーズに運用へ移行できるようにする目的だ。仕様変更票は、仕様変更を行う開発チームが発行し、運用統制チームを通じて関係各所に周知される……はずなのだが、X-HIMについてはリリース間もないこともあり、かつあまりに不具合が多いため、そのフロー通りに回っていなかった。

・仕様変更票が回覧されず、ある日突然システムの仕様が変更される
・仕様変更の情報を、開発担当者からの口伝てで知る

以前はこれが日常茶飯事だった。運用チームでも、俊平や舞が開発チームのエンジニアとの立ち話で「たまたま」仕様変更を知ることも珍しくない。ヘルプデスクにいたっては、変更が行われることすら知らされておらず、ユーザーの問い合わせを受けて変更を知る始末。これではユーザーをヘルプしようにもできない。さすがに統制上まずいだろうと部内で問題になり、最近ではようやく運用統制チームが中心となって仕様変更票が回覧されるようになったのだ。

と、そこまではいいのだが、肝心の仕様変更の内容がこれまた問題なのである。

「チェックロジックを増やしやがった。オンライン処理に影響はないかもしれないが、夜間のバッチ処理時間が大幅に延びるぞ」

チッ。

再び舌打ちする渉。椅子に背を預け足を広げ、天井を仰ぐ。

「それは大問題ですね。後続のバッチ処理が時間内に終わらず、オンライン開始時刻にズレ込む可能性もあります。大量のユーザーにプロビジョニングが行われる繁忙期はヤバいですね……」

舞も渉の問題意識に同調する。

「……ったく、あいつら運用への影響まったく考えてねぇな。クソ」

渉は再び毒づく。あいつらとは開発チームのことである。俊平はわれ関せずの表情で黙り込んでいる。開発チーム出身だけに、開発現場の忙しさや言い分もよくわかる。だから、悪く言えないのだろう。

真希乃はチームメンバーのそんなやり取りを、しばらく静観していた。この状況をどう収束させようか考えるためだ。と、そのとき、真希乃たちの背後がにわかにざわついた。

「ちょっと、この仕様変更いったいなんですか！」

運用メンバー一同、驚いて振り返る。えらい剣幕で、美香が立っていた。

「こんなのリリースされたら、ユーザーからクレームが噴出します！」

ひとしきり美香の説明を聞き、真希乃とチームメンバーは事の重大さを改めて知る。この仕様変更に対し、運用の責任者としてYesと言うわけにはいかなそうである。真希乃は腹を決めた。

「わかった。あたし、開発チームに文句言ってくる！」

真希乃はそのまま、開発チームの島に向かった。

「ふぇ？　これってそんなに問題なんすか？」

匂坂達也（さぎさかたつや）は、あくびまじりに答える。フレックスタイムでたったいま出社したばかりだ。真希乃は構わず説明を始めた。

「ああ、なるほど。その影響は気が付かなかったな……」

達也は気だるそうにつぶやく。近くのコンビニで買ってきたサンドイッチを、もしゃもしゃと食みながら。

真希乃より2つ年下で、認証基盤開発チームNo.2の達也。頭も顔もいいのだが、どことなくだらしないのが気になる。

「でもさ、それをカバーするのが運用の仕事だよね？」

突然、隣の席から物言いがつく。口調はさわやかだが、中身は辛辣だ。

入野雄人（いりのゆうと）。達也の先輩で、認証基盤開発チームのリーダーを務めている。シュッとした面構えに、肩にかかる長い髪が程よく似合う。

「はぁ？ 後工程が仕事しやすいようなシステムをつくるのも開発の仕事ですよね？」

売り言葉に買い言葉。真希乃の口調も荒くなる。

雄人と達也は入社以来、開発チームの先輩後輩の間柄だ。ともにエース級の技術者。頭も切れ、仕事もデキるため部内の評価は高い。と言っても、「仕事がデキる」についてはあくまで開発チーム内の評価。いつも運用しにくいシステムをつくるため、運用部隊からはあまりよく思われていない。

2人とも情シスで1位、2位を争うほどのイケメンだ。もっぱら「ユウタツ」と呼ばれ、イケメン開発コンビで名が通っている。それが、真希乃をなおのことイラっとさせる。イケメン自慢は、周りに配慮ある立派な仕事をしてからにしていただきたい。

「そうは言うけどさ、これが俺たちが考え抜いたベストの仕様なんだよね」

「そう。短い納期の制約がある中でね」

ユウタツは、ぴったりと息を合わせて開き直る。見事なまでに。と同時に、開発チーム出身の俊平が受身なのもわかる気がした。開発チームは昔からこんなカルチャーだったのであろう。自分たちの考えた仕様が最高。運用は、開発チームがつくったシステムを黙って受け取ればいい。

こうして、開発チームはこれまで悪気なく運用しにくい仕組みを「つくり逃げ」してきた。

部門の評価制度も問題だ。無茶な納期を設定し、その納期に押し込んでシステムをつくった人が高く評価される。運用やヘルプデスクが後でどんなに苦労しようが、知ったことではない。そんな近視眼的な評価制度が「つくり逃げ」を助長する。技術的負債や、運用面や利用面での負債を後に残す。後世の利用者や運用者が苦労する。控えめに言って、未来の時間泥棒だ。

「何がベストの仕様よ。そもそも、あんたたちで勝手に仕様を決めないでよ！」

ユウタツにつられ、真希乃もついついタメ語になる。

ハマナにもシステム開発の標準プロセスが存在する。原則として、要件定義も仕様検討も、運用責任者が同席のもとに行われる……はずなのだが、実際は機能していない。X-HIMの開発も然り。特にリリースして火を噴いてからは、その場にいる開発の有識者だけでささっと集まり、ぱぱっと仕様を決めてリリースするスタイルが当たり前になりつつあった。運用メンバーの入る余地はない。

「そもそも、そんな『井戸端』で仕様を決めるのがおかしいでしょう？」

真希乃も負けてはいられない。たまたまそこにいる人たちで重要な意思決定を行う。まるで井戸端型意思決定。それは組織としてあまりに不健全だ。

「そんなの、そこにいないキミたちが悪いんでしょう」

「開発の情報がほしければ、自分たちで取りに来いよ」

こっちも忙しいんだから。雄人が付け加える。

俺たちは悪くない。ユウタツは、いや、開発チームはあくまでその姿勢を崩さない構えだ。

井戸端にいないお前が悪い？ 情報は取りに来い？ いったい何を言っているのだろうか？ これが、仮にもITを扱う部門のプロの発言か？

「あなたたち……本当にITのプロですか？」

言ってはいけないことが、口からほとばしる。落ち着きを取り戻そうと、冷静かつ丁寧な言葉を選ぶ真希乃。しかし、それがかえって冷酷に相手を突き刺す。

——ヤバい。どうしよう……どんどんヒートアップする。

真希乃は自分自身の暴走に気付く。

「そうやって、いままで無責任なシステムを『つくり逃げ』してきたんでしょ！」

——もう止まらない。誰か、誰か止めて。じゃないと、私……。

「おい、無責任ってなんだよ！」

「そうだよ、少しは言葉に気をつけろよ！」

さすがのユウタツももう黙ってはいられない。怒号が怒号を呼び、それが周りの人たちの視線を集める。しかし、真希乃の目にはもはや辺りの様子など映らなかった。

ブチッ。

弾けた。

真希乃の中の、張り詰めた糸が。その冷たい音が、フロアに大きく響き渡る。

「だから……そんなんだから……、情シスはダメな部署なのよ！」

ついに言ってしまった。とどめのひと言を。開発チームの課長が大きく咳払いをする。そこで真希乃は我に返った。

――やってしまった……。

真希乃は決して否定したいわけではなかった。ユウタツを、開発チームを、自部署である情シスを。ただ、ともに同じ景色を見たいのだ。自分たちの仕事の価値を上げたいのだ。何より、自己肯定感をなくしたメンバーたちをなんとかしたいのだ。それなのに、それなのに。

真希乃はしばらくそこに立ち尽くしていた。ただ無表情に。ただ呆然と。

「とにかく、明日のリリースは予定通りに実施する。部課長会議で承認されたから」

俺たちにも時間はない。それだけ言い残すと、雄人はその場を去った。

「……ったく、イケメンだからってなんでも許されると思うなよ！あんたたちが運用してみなさいよ！」

帰り道。真希乃はぶつぶついいながら、誰もいない路地裏を歩く。職場で我を失ってしまった自分を反省しつつ、あれ以上何も言い返せなかったことにも腹を立てる。無謀なリリースを結局許してしまった。明日の現場は、間違いなくてんやわんやになることだろう。

「うんうん。なるほどね。でも安心して。衝突はセイチョウのための必然よ」

帰宅した真希乃。衝動買いした缶チューハイを、ぐいとひと飲みして葵に電話をした。そうでもしないと、落ち着きを取り戻せそうになかったからだ。衝突はセイチョウのための必然。真希乃はほろ酔いの頭の中で、反芻する。

「ねえ真希乃ちゃん。コンフリクトマネジメントって聞いたことがある？」

その言葉なら聞き覚えがある。あれは確か、情シスに異動した直後に受けたプロジェクトマネジメント研修だったか。そこで教わった記憶がある。

プロジェクトを進めたり、チームを形成するうえで発生する、抵抗や衝突をなんとかする云々……だった気がする。

「衝突が起こるのは、組織が健全な方向に向かおうとしている証拠」

そうか。真希乃は、着任当初の運用チームを思い出した。物言わぬおとなしいメンバーたち。無力感にさいなまれ、誰にも何も言おうとしない。衝突すら起こらない。だから、運用現場のリアルが開発に伝わらない。そして、開発は悪気なく運用を無視したシステムを量産し続ける。不健全な職場は、衝突すら起きない。

「衝突は、組織の健全なセイチョウのための必然。だから逃げちゃダメ。戦ってつぶそうとするのもダメ。ただ『向き合う』こと」

衝突に向き合う。

葵のそのひと言が、真希乃の心をつかんだ。

真希乃もいままで、数々の抵抗勢力に出会った。海外マーケティング部門にいたときもそうだ。何か新しいことを始めようとすると、抵抗しようとする人が必ず現れる。そして、衝突する。そんなとき、真希乃は常に、勝つか負けるかで考えていた。つまり、相手をつぶすか、あきらめるか。しかし、いずれのケースも禍根しか残らない。

——向き合う、か。その発想はなかったな。

「今回、私はこの衝突にどうやって向き合えばいいでしょうか……」

衝突に向き合う大切さは理解した。しかし、真希乃はどうすればいいかわからない。とっくに空になった缶を手持ち無沙汰に揺さぶりながら、真希乃は葵の次のひと言を待つ。
「そうね。小さなカイゼンを回してみたら？ クロスファンクションで！」
小さなカイゼン？ クロスファンクション？ 真希乃は身を沈めかかったクッションを払いのけ、姿勢を正した。

＊＊＊

あくる朝。予定通り、X-HIMの仕様変更と機能追加がリリースされた。それは開発チームが決めた一方的な予定でしかないのだけれども。
案の定、運用の現場は朝からてんやわんやしていた。
「ほら言わんこっちゃない。このプロセス見てくれよ。夜間バッチが大幅に遅延し始めたぞ」
渉は険悪な声を出して、自分のPCの画面を指さした。夜間バッチ処理の結果を示す黒いウィンドウ。そこに各処理の開始時刻と終了時刻が表示されている。注視すべきは終了時刻。予定時刻より15分遅い。当然、後続の処理の開始時刻も遅れる。警告を示す、赤いアイコンが画面を彩る。
問題なのはバッチ処理だけではない。今回の機能追加で、ユーザーが参照する画面のつくり、つまりユーザーインターフェースも変わった。加えて、ユーザーが自身の所属情報を変更するための手続きがいくつか変更されている。
「朝からユーザーのクレームがじゃんじゃん来ています！」
「画面に問い合わせ窓口が示されていないため、全部ヘルプデスクに問い合わせが来ます……私たち（情シス）の所管じゃない機能についての問い合わせも……」
美香もさつきもお手上げの様子だ。朝会は混乱の場と化していた。
1つ1つインシデントをBacklogのチケットにしつつ、ホワイトボードに図示して優先度を決める。

「これ、ウチらだけではどうにもならないですね……」

いつもポジティブな舞も、さすがにため息を抑えられない。

「わかったわ。この問題、チーム横断で解決していきましょう」

真希乃は昨日の夜に自分で、いや葵と一緒に考えた概念を言葉にする。

「クロスファンクションタスクチームを発足します！」

クロスファンクションとは組織横断型を意味する。1つの組織単独では解決できない問題や課題に、関係する複数の組織のメンバーで向き合う取り組みだ。

今回、真希乃は発生した課題に合わせて、3つのチームを発足することとした。3つのテーマについて、それぞれ運用チーム、ヘルプデスク、ネットワークチーム、監視チームそれぞれから人を出してもらい、解決と再発防止に向けた方策を検討し提案する。これら3つのクロスファンクションタスクチームには、運用統制チーム、そして開発チームからもメンバーを出してもらう。

「へえ。それはよさそうですね。私たちヘルプデスクがスムーズに対応できるよう、現実的な方策を検討してくださいね」

美香は他人事のように言う。多少の笑みを浮かべながら。真希乃はそんな美香を、正面からキリっと見据えた。

「『検討してください』ではないんです、美香さん。美香さんとさつきちゃんも検討するんです、このクロスファンクションタスクチームで。私たちと一緒に」

私たちと一緒に。真希乃はその言葉に力を込めた。

「あなたたち」のお手並み拝見では困る。その姿勢が、皆を無責任にしてきた。「私たち」で解決するのだ。

これはいわば小さなプロジェクトだ。普段、オペレーションしか経験していない運用メンバーやヘルプデスクメンバーにとって間違いなくいい経験になる。そして、開発メンバーや業務メンバーにとっては、運用の視点を持ってもらう機会になるはずだ。真希乃はそう確信している。

真希乃はこの朝会の前に、運用統制ルームに駆け込み概要を説明し、運用統制チームの課長とリーダーの承諾を得ていた。

「まあ、そういう狙いがあるのなら……」

雄人もしぶしぶ首を縦に振った。昨日は真希乃に対して強く言い過ぎてしまった、そんな反省もあるのだろう。こうして開発チームからもメンバーがアサインされることになった。

クロスファンクションタスクチームは、ただ人を集めただけではうまくいかない。真希乃はキックオフにあたり、次の3つを提案した。

〈①キックオフ時に：ドラッカー風エクサイズ（解説参照）を実施する〉

このプロジェクトで各自がどんな役割を果たしたいのか？ 1人1人、「何が得意」「このプロジェクトで何を実現したい」「大切に思う価値」「他のメンバーからの期待」「他のメンバーへの期待」などを言語化し発表する。

〈②定期的に：KPTを実施する〉

検討した施策に対して、実施後にふりかえりを行う。KPTとは、

K：Keep（継続するよかったこと）

P：Problem（問題やよくなかったこと）

T：Try（新たなチャレンジやカイゼンすること）

この3象限で、各自の気付きや意見を言語化してふりかえる手法だ。ホワイトボードとふせんがあるとやりやすい。そして、

〈③プロジェクト管理と日常のコミュニケーションは：Backlog と Slack で行う〉

この3つを、3つのタスクチームすべてで徹底することとした。

Backlog はすでに運用現場では使われているため、多くのメンバーにとって抵抗感はない。唯一、開発チームだけが心配だが、この機会に Backlog を経験してもらおう。Slack は情シスでは真希乃のチームでしか使っていないが、他チームでも使いたがっている人が増えてきている。つまり、追い風が吹いている。日常業務でなかなか接点のない、異なるチーム間でのコミュニケーションこそSlackのようなチャットが役立つ。「クロスファンクション」を大義名分に、ちゃっかり広めてしまおう。これは、真希乃の悪知恵。

クロスファンクションタスクチームは、思いのほかうまく軌道に乗った。いままで一緒に仕事をしたことのない、異なるチームメンバー同士が顔を合わせる。最初はぎこちなかったものの、ドラッカー風エクササイズが功を奏し、お互いがお互いを見えるようになった。やがて、皆が意見を言うようになってきた。

「ユーザーの周知方法をこう工夫したらどうでしょうか」
「このバッチ処理だけれど、他システムとの連携のタイミングを変えることで時間を短縮できるかもしれない」
「ログデータのガベージをすれば、しのげるのではないでしょうか？」
「この画面に、このひと言を追加してもらえれば、ヘルプデスクがユーザーに案内しやすくなります」
「過去の監視のログを見てみると、毎月 20 日前後にリクエストが集中しているんですよね。この傾向から判断すると……」

おのおののプロが、おのおのの視点で意見を出し合う。そして耳を傾け合う。同じゴールに向かいながら。真希乃はその姿を見ているだけで、ただただ嬉しかった。いままでの無力感が漂う情シスには考えられない、景色の変化だ。

オフィスをオープンなレイアウトに変更したのもよかった。こうした変化を、皆に認識してもらいやすい。

「チーム間のコミュニケーションが活発になったね」
「最近、フロアが明るくなったね」

部課長から、こうした前向きな声が聞こえるようになった。これも大きな変化だ。

会議卓に大型ディスプレイを設置した効果も大きい。クロスファンクションタスクチームのミーティングも実施しやすい。大きなディスプレイを眺めながら、開発メンバー、運用メンバー、ヘルプデスクメンバー、業務メンバーがあるべき業務フローを作成してレビューするシーンも見られた。モブプログラミング改め、モブ業務フロー作成といったところか。こうすれば、それぞれの立場で、意識違いを防ぎながら多角的な観点を反映した業務フローをつくることができる。

クロスファンクションタスクチームをきっかけに、チームを越えたコミュニケーションがしやすくなった。いまでは、ふつうに別チーム同士でのミーティングや相談が行われている。

「そういえば、そろそろ期末のアカウント棚卸作業を計画し始めたいんだけれど（もぐもぐ）」
「そうですね。あ、そういえば前回ものすごく苦労したから、その点を共有しておきたいです（むしゃむしゃ）」
「ていうか、このチョコクッキーうまいね。誰が買ってきたの？（パクパク）」
「原野谷さんっすよ（ポリポリ）」
「原野谷さん……って運用チームのあの強面の人!?」
「そうです。ああ見えて、甘いもの好きなんですよ。あの人」

「へえ、意外……って、森岡さん、ボロボロこぼしすぎです！」
「あ……すんません！ ええと、ティッシュティッシュ……」

お菓子コーナーを設置したのも正解だった。お菓子を肴に、何気ないアイスブレイクが生まれ、メンバー間の相互理解も進み、その後の議論も弾む。そのお菓子コーナーだが、誰がつくったのか、段ボールで組み立てた鳥居が設けられ、「おやつ神社」と呼ばれるようになった。お菓子の補充は当番制（またの名を「神主」）にし、持ち回りで各自が好きなお菓子を買ってきてよいルールになっている。「お菓子くらいなら」と、部門長が気前よく予算をつけてくれたのもありがたい。

俊平が神主の週は、ポテトチップなどのジャガイモ菓子がやたら充実する。舞が神主のときは、「歌舞伎揚」が大量にデプロイされる。謎のご当地土産を買ってくる人も。こうしてお互いの人となりがわかり、それが会話のネタにもなって面白い。そして、各会議卓にはウェットティッシュも常備しておいた方がいい。

クロスファンクションタスクにとどまらず、通常業務においてもチーム間のコミュニケーションが目に見えて増えてきた。コミュニケーションを通じて言語化された課題、気付き、提案は、Slackに書き込む。

こうすればそれを思いついたメンバーは忘れないし、その場にいないメンバーとも共有できる。検討課題にしたいものについては、Backlogでチケットにする。チケットにして管理すれば、共有漏れや、対応し忘れも防げる。Backlogのチケットを見て、重要だと思ったものは運用統制チームが部課長に上げたり、必要と思われる有識者をアサインする。これまで真希乃がやってきた足元の整備が実を結び、有機的かつ立体的に物事をつなげて解決できるようになってきた。

ホワイトボードを使った課題の見える化や進捗管理も、いままで以上に部課長層の支持を得た。

「これを見れば、いちいち報告を求めなくても、だいたい何が起こっていて、どんな状況になっているのかがわかる」

メンバーも細かな報告をしなくて済むし、ホワイトボードを見ながら状況を部課長に説明できるので、細かく報連相の時間を取ったり、報告資料をつくる手間が省けて大助かりだ。

１人１人が、変化の実感を抱いていた。それが、アジャイルな取り組みに対するファンを増やしていく。

「私たちにもできる」

「このメンバーならやれる」

この取り組みにより、メンバーはセイチョウ実感を得られるようになってきた。職種や立場の違うメンバー同士の相互リスペクトと信頼関係が生まれてきた。徐々に「無力感」の氷河が溶け始めている。それを真希乃も肌で感じていた。

ダイバーシティという言葉がある。既存の問題を解決したり、新たな価値を生むために、多様性のあるメンバーで組織を構成する。しかし、ただ多様性のあるメンバーを集めただけでうまく機能しない組織がなんと多いことか。

多様性のあるメンバーが正しく活躍して、正しく価値を出すためには、コミュニケーションの仕組みや仕掛け、マネジメントを変える必要がある。多様なメンバーが同じゴールを目指して正しく議論し、正しく衝突し、そして正しく結束するためのファシリテーターの育成も肝である。その育成プログラムも必要だ。

真希乃は、情シスがさらにコラボレーティブな組織に変化するために必要な取り組みや支援を言葉にしておこうと思った。いつか、部課長に提案したい。

――いままでの仕事のやり方や、マネジメントをアップデートしないとね。

Keep ourselves updated !

真希乃はそんな一文を、運用統制ルームのホワイトボードの片隅に走り書いた。

……と、喜んでばかりもいられない。

「相良さん、ちょっといい？ 話があるんだけれど」

唐突に掛塚に声をかけられる。やれやれ、今度はいったいどんなお説教だろう。真希乃は静かに席を立ち、相変わらず無言な掛塚の後に続いた。

問題整理

自分の立場でしか景色を見ていないことによる断絶

上司の掛塚から声をかけられた真希乃。一難去ってまた一難の様相ですが、まずはこの章で出てきた問題を整理しておきましょう。

会社のワークフロー上では、仕様変更票をベースに運用統制チームが中心となって回覧するルールになっていたわけですが、これが機能していないという問題が発覚しました。また、部署全体に関わるような意思決定が、井戸端会議のように、たまたまそこにいる人たちで決まっているという、組織として不健全な状態も露呈しました。これらの事象をトリガーに、運用チームと開発チームのバトルが勃発したのでした。

真希乃の運用チームは、開発側の負債の尻拭い役として、苦情の窓口として、神経をすり減らしながら業務を遂行しなくてはならないため、仕様変更を中断するように要求しています。一方、ユウタツの開発チームは、短納期の中でのエンジニアとしてアーキテクト力にプライドがあり、すでに部長レイヤでの決定事項でもあることから、中断の要求には応じられるわけもなく、一歩も引きません。このように、**勝つか負けるかという二項対立**では、勝ったとしても負けたとしても、禍根を残す結果になってしまいます。

図 8-1　それぞれの立場の主張

そこで、葵からは「衝突することを避けてはいけない、衝突に向き合いなさい」というアドバイスをもらいます。そのために、クロスファンクションタスクチームで、小さなカイゼンサイクルを回していくという戦術を実施していくことになりました。

その手段として、**ドラッカー風エクササイズで期待をマネジメント**し、**KPTでふりかえりのカイゼンサイクル**を回し、**BacklogとSlackでプロジェクト管理とコミュニケーションする仕掛け**をつくることで、チーム力を上げていきます。クロスファンクションという横断的なチームになることで、局所的な視点しか持っていなかった状況から視座を上げ、**全体を最適化することを目指して**いきます。では、ここから具体的に見ていきましょう。

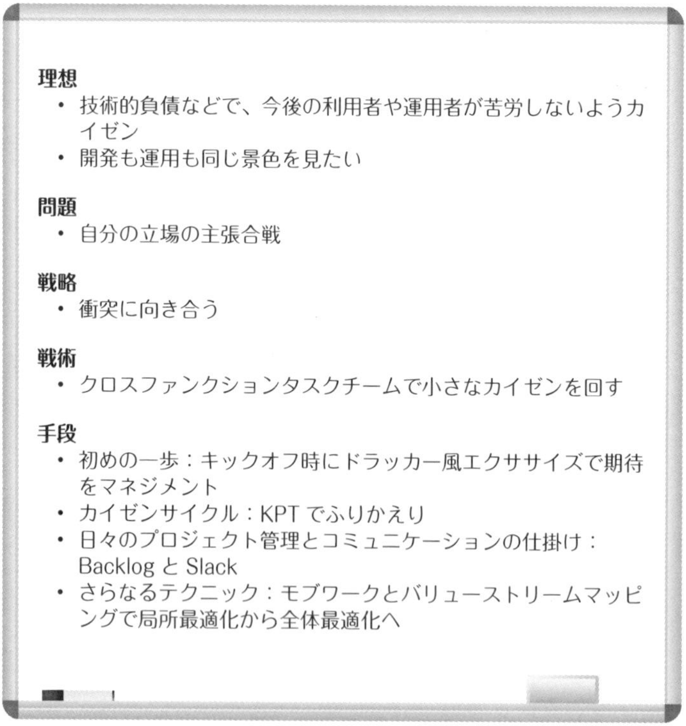

理想
- 技術的負債などで、今後の利用者や運用者が苦労しないようカイゼン
- 開発も運用も同じ景色を見たい

問題
- 自分の立場の主張合戦

戦略
- 衝突に向き合う

戦術
- クロスファンクションタスクチームで小さなカイゼンを回す

手段
- 初めの一歩：キックオフ時にドラッカー風エクササイズで期待をマネジメント
- カイゼンサイクル：KPTでふりかえり
- 日々のプロジェクト管理とコミュニケーションの仕掛け：BacklogとSlack
- さらなるテクニック：モブワークとバリューストリームマッピングで局所最適化から全体最適化へ

図8-2　衝突に向き合う戦略

現場での実践ポイント

期待をすり合わせよう：ドラッカー風エクササイズ

ドラッカー風エクササイズで実現できること

ドラッカー風エクササイズとは、4つの質問に答えることによって、チームメンバーの業務に取り組む姿勢や価値観がわかり、お互いの期待をすり合わせていくというプラクティスです。

4つの質問とは、表8-1のように、そのチームで業務するにあたっての**「得意なこと」**、**「貢献すること」**、**「大切に思う価値」**、**「期待」**です。これら4つの質問は、自分自身で考え抜くことができるものばかりです。自分に向き合い、自身の心と対話しながら、自分自身を知る機会になるのです。このプラクティスでは、これら4つの質問の答えを表明し、その期待が合っているかの答え合わせの議論もしていきます。

期待がわかれば、得意な分野で貢献することの積極性が増すでしょう。また、自分がチームにとってかけがえのない存在で、必要とされているとわかれば、モチベーションが上がりパフォーマンスもアップします。

また、メンバーの行動や振る舞いの意味を理解することにもつながります。メンバーの表明した内容から、貢献しようとしていることや価値観がわかることで、日頃の行動の背景を理解できるようにもなります。お互いの得意分野を知れば、仕事やヘルプの依頼もしやすくなるでしょう。

お互いのスキルの足りないピースを補い合うのがチームです。期待を少しずつすり合わせていくことで、チーム全員で同じ景色を見ることに近づいていくのです。

質問	説明
①得意なこと	自分は何が得意なのか？
②貢献すること	どういうふうに仕事をして貢献するつもりか？
③大切に思う価値	自分が大切に思う価値は何か？
④期待	チームメンバーは自分にどんな成果を期待していると思うか？

表 8-1　ドラッカー風エクササイズの 4 つの質問

ドラッカー風エクササイズの手順

では、チームで実際にドラッカー風エクササイズを実施していく手順を解説しましょう。

表 8-2 のように実施していきます。参加人数によって共有時間は変動しますが、全体で 60〜90 分くらいで実施するのがよいでしょう。用意するものは、4 つの質問への回答を書いていくためのふせんとサインペンです。それを貼り出していくホワイトボードもあるとなおよいです。ホワイトボードには、図 8-3 のように 4 つの質問を縦軸に書いておきます。横軸は各自が表明していくレーンとなります。

人数	4〜12 人
時間	60〜90 分
用意するもの	ふせん、サインペン、ホワイトボード

表 8-2　開催の概要

	真希乃	舞	雄人	達也
①得意なこと				
②貢献すること				
③大切に思う価値				
④期待				

図 8-3　ホワイトボードに貼り出す例

第 1 フェーズ

第 1 フェーズは、4 つの質問を個人で考える時間と、それをホワイトボードに貼り出しながら共有する時間に分かれます。1 つのふせんには 1 つのことがらを書きます。複数枚を書ける人もいれば、1 枚も書けない人もいるかもしれません。もし書けないのであれば、自分がその項目に関して無関心だという自己認識を得る機会になります。それでも構いません。

個人で考える時間に、ホワイトボードに貼り出すのは避けましょう。もし上司や一目置かれているメンバーが貼り出してしまうと、その意見に引っ張られてしまい、他のメンバーが自分に向き合う機会を奪ってしまうからです。

そして、共有する時間内では、書き出したふせんを 1 枚ずつ貼り出しながら、声に出して共有してもらいます。発言してもらうことで、ふせんに書いたことがらの背景や行間が必然と話されるはずです。その**発言の方に意図したことが隠れて**いたり、そう思うきっかけとなった重要な事件のことを話してくれたりします。丁寧にメンバーの話を傾聴しましょう。

これを 1 つ目の質問から 4 つ目まで繰り返していきます。

第２フェーズ

第２フェーズでは、第１フェーズの４つ目の質問、「期待」が本当に合っているかをフィードバックする時間です。まず、それぞれのメンバーがふせんの脇に黒い丸マークをつける形で投票をします（ドット投票）。そのメンバーが表明した期待に対して、本当に期待していることであればマークをつけます。的外れな期待表明であれば、マークはつけません。また、他にも期待していることがあったら△マークをつけるのもよいです。

投票が終わったら、それぞれのメンバーにフィードバックの理由を聞いていきます。「どうすれば投票を獲得できるのか？」「〇〇さんには、他にこういうことを期待しています！」という対話が生まれるでしょう。

ファシリテーターとしては、促したり放置したりしながら、その場に笑いが発生するように、ツッコミを入れながらコントロールしていきましょう。実は、**このメンバー同士の対話の時間が一番重要**だったりします。ドラッカー風エクササイズの４つの質問は、このための呼び水といってもよいくらいです。

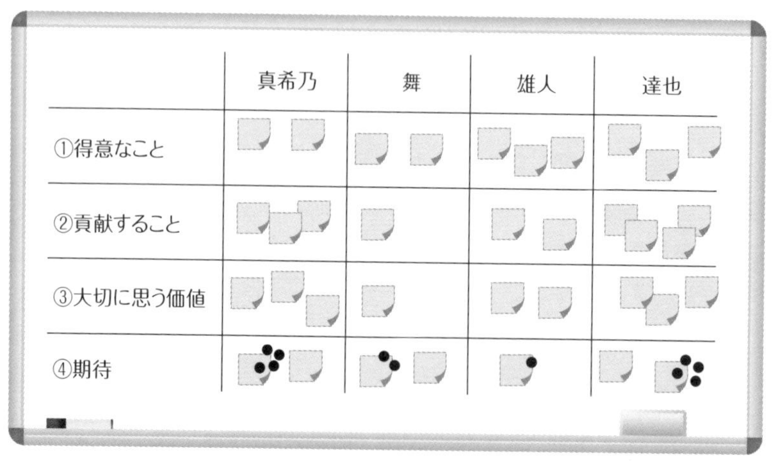

図 8-4　ドット投票

第1フェーズ：4つの質問（30〜60分）		
①	問①：自分は何が得意なのか？	個人で考え、書く時間（5分）
		ホワイトボードに貼り出して共有（10分）
②	問②：どういうふうに仕事をして貢献するつもりか？	個人で考え、書く時間（5分）
		ホワイトボードに貼り出して共有（10分）
③	問③：自分が大切に思う価値は何か？	個人で考え、書く時間（5分）
		ホワイトボードに貼り出して共有（10分）
④	問④：チームメンバーは自分にどんな成果を期待していると思うか？	個人で考え、書く時間（5分）
		ホワイトボードに貼り出して共有（10分）
第2フェーズ：期待のすり合わせ（30分）		
⑤	フィードバック投票	個人が表明した期待が合っているか、おのおのが投票
⑥	対話	票を得られた理由、票を得られなかった理由、他に期待されていることについて話し合う

表8-3　ドラッカー風エクササイズの時間配分例

メリットや副次効果

ドラッカー風エクササイズではポジティブな面ばかりを自己表明しがちですが、ネガティブな側面を共有しても構いません。ポジティブな側面が表面であるとすれば、ネガティブな側面は裏面です。どちらの側面もその人の個性を表していて、表裏一体で不可分なのです。

ネガティブな側面を聞き出す質問は、表8-4のように**「不得意なこと」**、**「よくない仕事の仕方」**、**「地雷原」**などです。先ほどの4つの質問のように、ホワイトボードに書き出してみましょう。

質問	説明
不得意なこと	自分は何が不得意なのか？
よくない仕事の仕方	よくないとは思っているが、こういうふうに仕事をしてしまうということは？
地雷原	触れられたくないことは？

表8-4　ネガティブな側面を聞き出す質問

真希乃がケンカ腰になってしまった今回の事件のように、負の部分の自分に向き合う機会をつくってきちんと表明するのもよいことです。人間は不完全であるという事実を無視する必要はありません。人が集まったチームも同じです。決して無機質ではないのです。負の側面を正直に話せる方がよいチームでしょう。

ケンカではなく、言いたいことが言える間柄になると、猫や犬の「あまがみ」のように傷付けない程度もわかり、より深い議論ができます。真希乃とユウタツのように、一度ぶつかり合ったからこそ、その境地にたどり着けるのかもしれません。事件が起こってしまったら、時間を置いてきちんとふりかえり、できてしまった傷を修復していきましょう。ファシリテーターは気を使いますが、それもまた**チーム力を上げるチャンス**なのです。

ここまで見てきたように、自己認識も相手の認識も、日頃の生活や仕事の中では言語化したりフィードバックをもらったりする機会は少ないものです。また、**自己の再発見や自己強化、自己効力感を上げることにもつながる**でしょう。そして、一度実施したら終わりではなく、メンテナンスし続けることが大事です。チーム内で期待をすり合わせながら、**期待をマネジメントすること**が大切なのです。プロダクトのフェーズやミッションが変わったとき、メンバーが入れ変わったとき、市場が変化したとき、仕事やプライベートのライフスタイルが変わったときなどにはドラッカー風エクササイズを実施して、チームをアップデートしていきましょう。

ふりかえり：KPT

KPTで実現できること

ここからは、ふりかえりのKPTに関して解説していきます。チームでセイチョウしていくためには、**早く小さく失敗し、その失敗を学びの機会に変える**ことが大切です。管理職やリーダーのみでふりかえって、それをルール化してもなかなか浸透しません。なぜなら、単一の視点になってしまい、偏りがちな学びにしかならないからです。

しかし、チームでふりかえりを実施することで、他者の視点を借りて、メンバーみんなでチームをセイチョウさせることができるのです。セイチョウするためのカイゼンサイクルを回すためには、**ふりかえりは最重要で必須のプラクティス**といっても過言ではないでしょう。他のプラクティスを省略したとしても、ふりかえりだけは実施して、セイチョウを止めないようにしましょう。

アジャイルの価値観に**「計画に従うことよりも変化への対応を」**とあるように、計画だけに従っていればよいわけではありません。複雑化する世の中では、当初の計画通りにいかないことの方が多いでしょう。そのため、そのつど出てくる課題や変化に柔軟に対応することが求められます。その対応をふりかえり、チームの力に変えていくのです。**問題に対処するために考え抜く力を身につけ**、変化にも柔軟に対応できる力を高めていきましょう。ふりかえりながらカイゼンし、**自分たちのチームの型**をつくっていくのです。

KPTによるふりかえりの進め方

これを簡単に進めていくふりかえりのフレームワークの1つが**「KPT」**です。Keep、Problem、Tryの頭文字を取っていて、「けぷと」と呼びます。Keepは継続するよかったこと、Problemは問題やよくなかったこと、Tryはチャレンジやカイゼンすることを指しています。

KPTにおいても、第3章の「ふりかえる」の項で出てきたように、「①

データを収集する」「②アイデアを出す」「③何をすべきかを決定する」というフェーズの流れで進めます。

KPTの手順や時間配分を説明していきます。この手順に従うことで、明日からふりかえりを実施できるようになります。KPTではKeep、Problem、Tryを一気にふせんに書き上げるのではなく、1つずつ順に時間を区切りながら実施していきます。

まずはKeep。もくもくと、継続すること・よかったことを思い出しながら書きます。5分が経過したら、書いたKeepを各自が1つずつ共有します。話が脱線して長くなってしまうようであれば、誰かがタイムキーパー役をして、全員が書いたことを共有できるように時間配分しましょう。共有時間は10分くらいが目安です。

次はProblem。問題やよくなかったことを挙げ、Keepと同じように進行します。ここまでがデータ収集フェーズです。

その次は「アイデアを出す」フェーズです。KeepとProblemという情報が集まったので、チャレンジやカイゼンアイデアをTryとして出していきます。自分が書いたKeepやProblemに対するアイデアでも、他の人が挙げたものでも構いません。KeepやProblemと同じように、各自がふせんに書いて、共有する時間を設けます。

最後は「何をすべきかを決定する」フェーズになります。すべてのTryを実施できればよいのですが、次の1週間といった短い期間では、実施できることに限りがあります。よって、**1つか2つのアクションプランに絞るのが得策**です。何を実施するかは投票で決めます。これはチームで解決していくことをしっかり示すためです。1人3票の投票権を持って、共感や賛同するTryのふせんに投票します。3票は1個にまとめてではなく、複数のTryに投票しましょう。投票が終わったら、投票数の多い2つのTryに関して、Action Plan（いつまでに誰が何を実施するか）を決定します。1人だと負担が大きいようであれば、**フォロワー役も決めておくと放置されずに済む**でしょう。このようにふりかえりをすることで、プロセスがどんどんカイゼンされて、チームのスキルも向上していきます。

慣れてきたら、時間配分や投票権の数、Action Plan数を、現場の状況に合わせて独自に変更してみましょう。こういったカスタマイズによりチームのカイゼン力も上がっていきます。

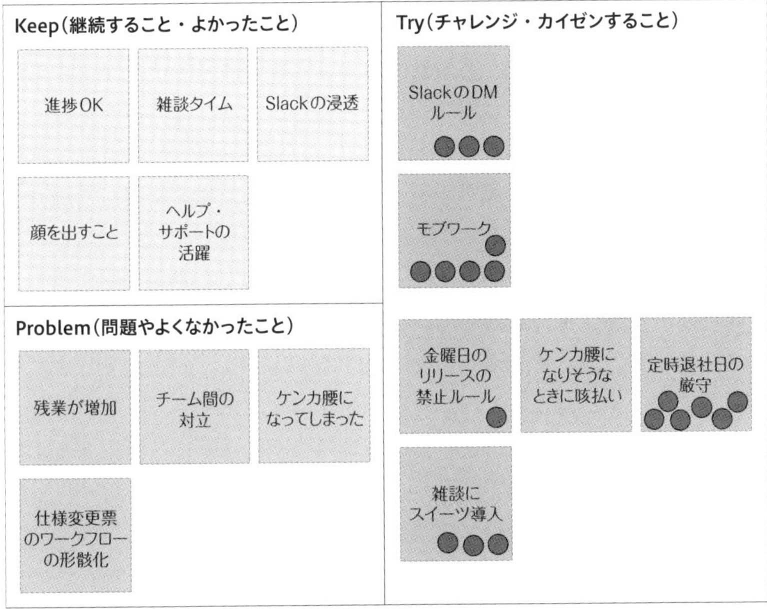

図 8-5　KPT の例

データを収集する		
①	Keep を書く	5 分
②	Keep を共有する	10 分
③	Problem を書く	5 分
④	Problem を共有する	10 分
アイデアを出す		
⑤	Try を書く	5 分
⑥	Try を共有する	10 分
⑦	Try にドット投票する（1 人 3 票の投票権）	5 分
⑧	投票数の多い Try の Action Plan を決定する	10 分

表 8-5　大きな流れと時間配分

ふりかえりのコツ

ふりかえりの回数を重ねていくと、反省会の色が濃く出てしまいがちで、学びの機会だということを忘れてしまうことがあります。そこから被害妄想が膨らむと心が苦しくなったり、ふりかえり自体がマンネリ化してしまい、参加することが億劫になったりします。これらを打破するヒントを伝授しましょう。

まず、ネガティブな雰囲気の打破には、発言した本人に対して周りがきちんとリアクションすることが大切です。「いい学びだね」「私もその事象に遭遇したら同じことしてたよ」など、**いつもより大きく共感**してみましょう。無表情や無反応では、失敗を披露した側からすると結構辛いものがあります。それから、お菓子やコーヒーなどの飲食をしながら実施することで、リラックスした雰囲気をつくり出せて、正直に話せるようになります。叱責や恐怖による思考停止や、頭が真っ白になるようなことを避けられるでしょう。

また、マンネリ化を打破するコツとして、**複数のふりかえり手法を利用**するのも効果的です。世の中には様々なふりかえり手法が存在しています。例えば、「やったこと（Yatta）」「わかったこと（Wakatta）」「次やること（Tsugi）」の頭文字を取った**「YWT」**や、やったことの中で楽しかったことや、学びが多かったことなどを情動と連動させて、カイゼンや学びに変えていく**「Fun! Done! Learn!」**などがあります。

これら2つのふりかえり方法は、KPTのProblemのような問題にフォーカスを当てた問いがないため、ネガティブな発言だらけの反省会になりにくい傾向があります。**よい面をさらに伸ばしていける**ようになっているわけです。例えば、YWTでは「わかった」という気付きから、次にやることが明確になります。Fun! Done! Learn! では、気付きや学びをFun＝楽しかったという視点も含めて思い出します。この視点が入ることで、学びが楽しいことにつながるという意識づけができ、学びを最大化させることにも結び付きます。

様々なシチュエーションや状況に合わせて、**複数のふりかえりを使い分け**てみるとよいでしょう。例えば、通常はKPTで、月に一度の戦略を練り直す際はYWT、研修や未知のことを実施した際にはFun! Done! Learn! を使ってみましょう。ふりかえりスタイルも自分たちでカイゼンし、チームの型としていくと成熟度の高いチームへと近づいていきます。

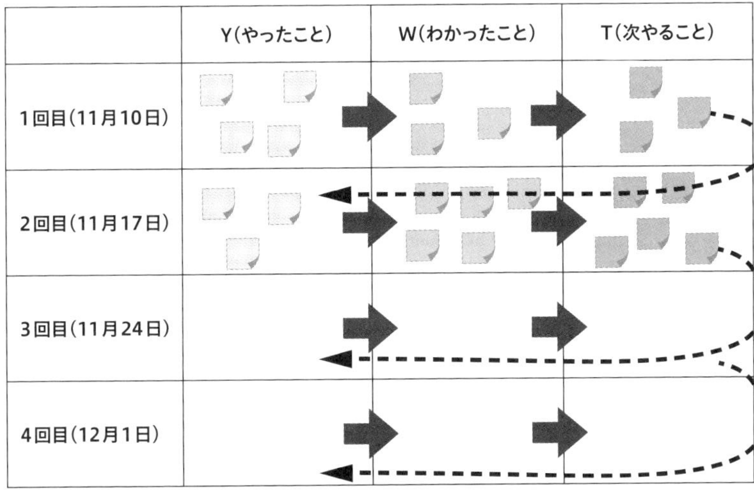

図8-6　YWT

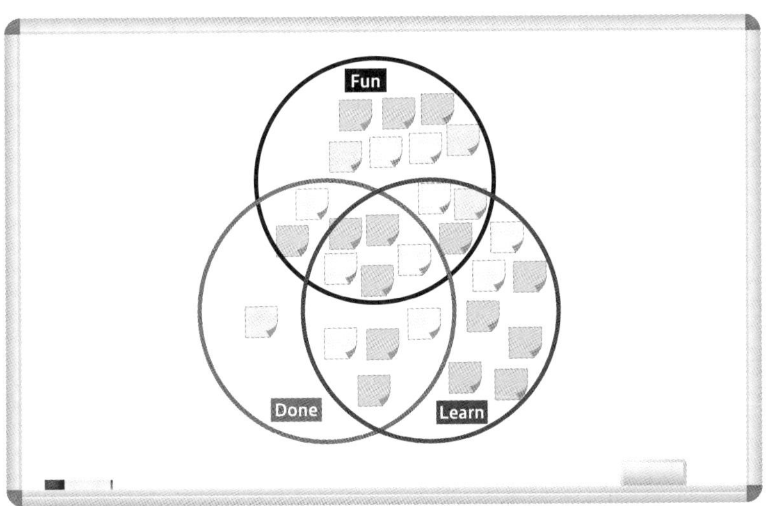

図8-7　Fun! Done! Learn!

さらなる探求

局所最適化の限界を超える：全体最適化でコンフリクトマネジメント

ここでは、対立を超えて、**横断的なチームでセイチョウする方法**を見ていきましょう。

仕事をこなすスピードを上げることや、それに伴うスキルアップをすることはとても大事なことです。しかし、それだけではそのチームや個人の局所的な最適化しかできず限界があります。全体のスループット（一定時間あたりの成果の量）は、全体のプロセス内のボトルネック箇所の工程以上の成果は出せません。例えば、製造工場において最終工程の品質管理工程で1時間あたり100個しか検査できなければ、いくらその前の工程で150個の組み立て能力があったとしても、差の50個は在庫になるだけで、最終顧客は100個しか手にできないのです。

よって、**全体を俯瞰して、ボトルネックを解消する方法**を考えていくことが必要になります。1つの工程自体の生産性を上げる方法だけでなく、工程手順の入れ替えや、前段階の工程をカイゼンしてボトルネックの工程の作業量を減らしていきます。これらのカイゼンアイデアは**局所だけを見ていては生まれてこない**のです。

モブプログラミング改め、モブワークで業務フローを作成

まずは、真希乃のチームが実施した**「モブ業務フロー作成」**を探求していきましょう。これは、モブプログラミングと呼ばれるプラクティスからヒントを得ています。

モブプログラミングとは、プログラマーやデザイナーや企画者などの複数名が1つの画面と1つのパソコンを使って、一緒になって開発していくスタイルをいいます。1人がタイピストになりパソコンを操作し、他のメンバーは頭脳となりタイピストに指示を出す役割を担います。数

十分間隔の輪番制でタイピストを交代していきます。群衆の力で、チーム全員で問題を退治していくというわけです。

さて、これにはどんなメリットがあるのでしょうか？ これまでの個人の開発スタイルと比較してみましょう。全員がそこにいるので、作業を分解する時間やその説明時間、完成した成果の承認待ちや、ミスした際の手戻り時間を削減でき、**価値創出サイクルのスピードが上がっていきます**。また、同時に複数の目で常時チェックしているのでケアレスミスが減ったり、**品質向上**にもつながります。さらには、ノウハウの共有やメンバーの**育成効果**も期待でき、多くの組織で問題に挙がる**属人化の解消**にも効果があるのです。

ただし、誰でもできるような単純作業を全員でやるわけではありません。いまの世の中、初めてのことや複雑な仕事が数多く存在するでしょう。早く顧客に成果を届けることが価値にもつながります。そのために、プロフェッショナルな頭脳をチーム横断で集結させ、業務フローをカイゼンすることに活用していくのです。

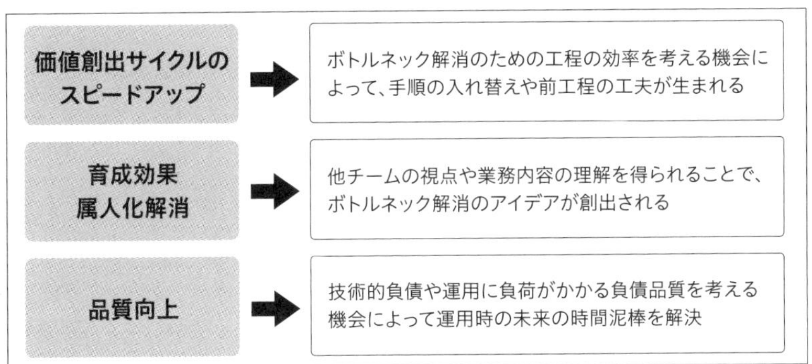

図 8-8　モブプログラミングのメリットをモブワークとしてチームに取り入れる

バリューストリームマッピングを使ってモブ業務フローを作成

さて、モブワークで業務フロー作成をしていくわけですが、ここではモブ業務フロー作成に最適な**バリューストリームマッピング**というプラクティスを紹介します。バリューストリームマッピングとは、ものや情報の流れを洗い出してから、ボトルネックや手戻り箇所を特定し、カイゼンを実施して、**顧客が成果を手にするまでの時間削減**を狙ったプラクティスです。横断的なメンバーで、工程を括り、待ち時間、承認時間、手戻り率を見える化していきます。ポイントとしては、網羅的に細かい作業工程を見える化するよりも、**価値創出の大きな流れと関心事を中心にフローを書いていく**ことを心がけましょう。局所的な最適化ではなく、全体の最適化を狙っているからです。

全工程を洗い出すと、工程内で実際に手を動かしている作業時間よりも、待ち時間や承認時間に多くの時間が割かれていることが露呈します。また手戻りが多発している箇所もあらわになります。

そして、見える化した後は、露呈された事実にもとづいてカイゼン案を出していきます。**工程の中で流れが滞るボトルネックになっている箇所**、**心理的にストレスのかかる箇所**、**手戻りが多発していて何度も同じことをやらざるを得ない面倒くさい箇所**などを優先してカイゼンしていくと効果を体感しやすくなります。

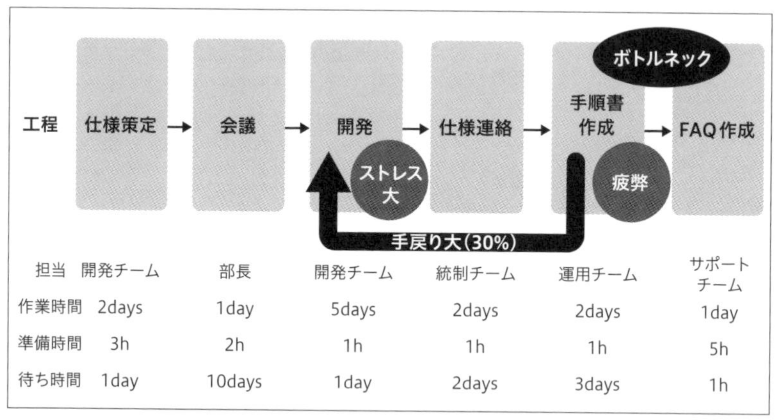

図8-9　バリューストリームマッピングの例

工程のカイゼンには、**「ECRS」**という方法を使います。ECRSとは、Eliminate（排除）、Combine（結合）、Rearrange（交換）、Simplify（簡素化）の略語です。図8-10にあるように、効果が疑わしい形骸化した工程自体を全面削除したり（E）、工程を結合させて待ち時間を減らしたり（C）、チェック工程を先に持ってきて品質をつくり込んでから後工程に流したり（R）、Excel や Google スプレッドシートなどの複数のツールを使っていたものを統一して簡素化させたりして（S）、**全体を最適化**していきます。

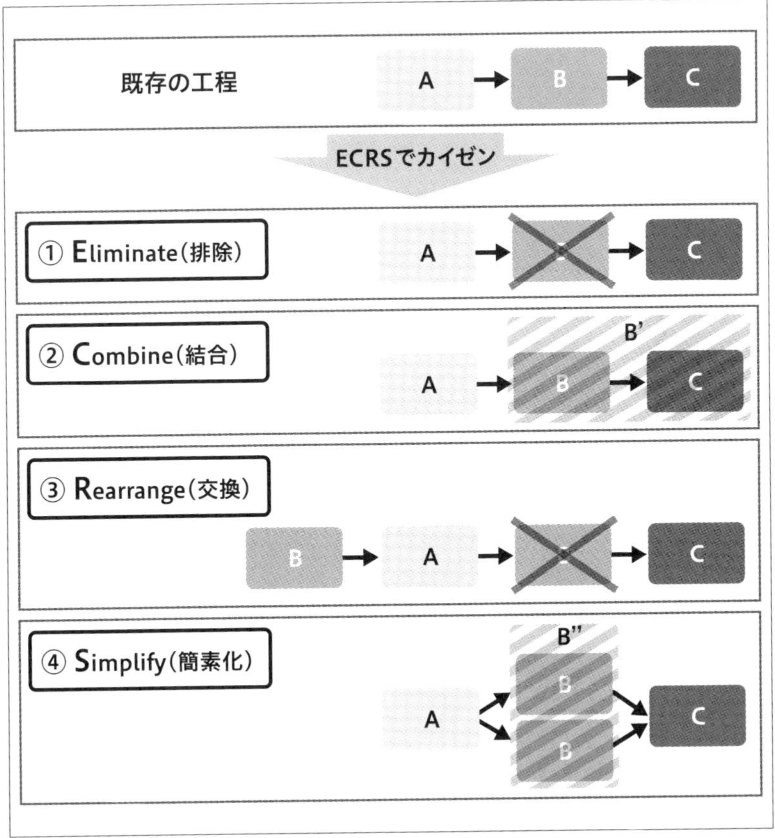

図 8-10　ECRS

多くのメンバーで実施することで、こんな会話が生まれるかもしれません。

「なぜ、そんなオペレーションになっているんだ。なぜそんなに時間をかけなくてはいけないの？」
「工程自体の存在理由や成果物のフォーマットは、前任者から引き継いだので理由がわからないんだけど誰か知らない？」
「あ、それ俺知ってる。こういう問題が過去に発生したからだけど、いまはこっちのツールでチェック済みだからいらなくない？」
「初めて前（後）の工程の苦労がわかった」
「その工程での必要性を把握できました。こうした方がラクじゃないですか？」
「全体像がやっとわかった」

このように、チーム横断のモブ業務フロー作成は、**衝突を解決する手段**となり得ます。一緒に仕事をして、同じ景色を見て、同じ成功体験をしていくことで、共感が生まれ、部署を越えた**コラボレーションがさらに生まれていく土壌**ができあがるからです。対立するのではなく、同じゴールを目指すからこそ貢献し合えるのです。

第9章 越境

Keywords

・サーバント・リーダーシップ
・称賛の壁・サンクスボード　・多様性
・ハイパープロダクティブなチーム

「相良さんが担当している運用業務とヘルプデスク業務の一部を、HMBPに移管してください」

そうきたか。真希乃の率直な感想だ。

掛塚は説明を続ける。HMBPとはハマナビジネスパートナーの略で、ハマナのグループ会社の1つである。所在地は沖縄の南城市。地元の企業をM&A（買収）して立ち上げた新会社で、ハマナとグループ会社の事務業務やヘルプデスク業務などのオペレーションを請け負っている。

「へっ、このタイミングで、沖縄に移せと言うのですか？」

真希乃とは目も合わせず、掛塚はただ頷く。

いきさつはこうだ。2年前にHMBPを立ち上げたものの、どうにもこうにも業績が芳しくない。HMBPの赤字を軽減するために、ハマナの各部門がHMBPに出せる仕事をアウトソースしてくれ。ハマナ本社と、リモートでやり取りする形で構わない。それが経営企画部のオーダーだ。

とりあえずどこかの企業を買収したが、うまく回すことができず、後になって「どうしよう」となる。ここ最近のハマナのお決まりのパターンだ。そのM&Aを主導した、経営企画部の担当者はすでに退職してしまっている。その尻拭いのお鉢が、情シスに、真希乃のチームに回ってきた。

――いかにもウチの会社らしい……。

「なんで経企（経営企画部）のダメな仕事の巻き添えを、ウチが喰らわなければならないんですか？」

冗談じゃない。真希乃は一応逆らってみる。黙って引き受けたら負け。不本意である意思は、きちんと示しておかないと気が済まない。でないと、管理部門は図に乗って、あるいは悪気なく、はた迷惑な仕事を増やすに決まっている。ダメージを被るのはいつも現場だ。
「仕方ないだろう。もう部長が受けるって言っちゃったんだから」
「あの……掛塚さんもご存じの通り、まだX-HIMの運用は落ち着いていません。空気読んでください！」

ようやく運用チームのマネジメントの仕組みができてきた。チームメンバーの意識も変わってきた。チームを越えた一体感も生まれている。この流れで、まずは運用体制をきちんと整えたい。いまこのタイミングで、業務移管のような変化を起こすのが得策とは思えない。真希乃はひとしきり主張する。
「とにかく、移管に向けた計画を立てて報告すること。キミはそれ以上、余計なことを考えなくてよろしい」

移管のための予算は確保するから。そう言い残して、掛塚は会議室を去った。

——まったく、いつも一方的なんだから……！

心底、納得できない真希乃。とはいえ、これ以上逆らったところで得るものは何もない。

不満を口にする一方、真希乃はどんな業務をHMBPに切り出せそうか、業務移管に向けて何をどう進めていくかを考え始めていた。

時を同じくして、次期認証基盤開発の話も持ち上がりつつあった。どうせまた、開発メンバーと業務メンバーだけで雑に決められてしまうのだろう。誰もがそう思っている。

これを阻止しなければならない。「つくり逃げ」されて、利用者や運用・ヘルプデスクが苦労する仕事のやり方をそろそろ変えたい。どうやって手を打とうか？ 真希乃の頭の中は、常に次なるテーマでいっぱいだ。

……と、いろいろ考えていたら定時を回ってしまった。真希乃は早足で自席に戻る。

道すがら、オープンスペースの様子が目に飛び込んでくる。右側の大きな卓で、クロスファンクションタスクチームの１つがミーティングをしていた。このチームのテーマは、夜間バッチ処理のスリム化。ホワイトボードを並べて、現在のバッチ処理のフローを図示しながら、どの処理をどう短縮するか、ジョブネットの順序を組み変えることで最適化できないか、などと熱く議論を交わしている。開発チーム、ネットワークチーム、ヘルプデスク、そして運用チームがそれぞれの立場で意見を出す。今日は人事部と経理部の担当者もいる。人事システムと会計システムとの連携をどうカイゼンするかも話し合っている様子だ。

渉とさつきも、運用とヘルプデスクそれぞれの観点でカイゼン案を述べている。その横で、俊平がノートパソコンで必死に議事メモを取っている。

その隣の卓では、開発チームがX-HIMの追加機能を検討していた。達也が仕切って議論を進めている。真希乃は、しばらくたたずんで様子を見てみることにした。

こうして眺めているだけでも、開発チームの仕事や考え方をなんとなく理解することができる。開発は開発なりのプレッシャーがあって、制約がある中で必死に物事を進めているのだ。いままではそれがよくわからなかった。開発は開発、運用は運用の世界に閉じこもり、それぞれの正義を主張していた。

オフィス環境をオープンにすることで、クロスファンクションタスクチームのようなチーム横断的なプロジェクトを通じて、徐々に開発と運用の相互理解が生まれるようになってきている。

「ちょうどよかった。相良さん、この機能について運用から見た意見がほしいのだけれど……」

不意に、達也が声をかけてきた。

「あ、あたし？ う、うん……もちろん喜んで！」

急に振られて戸惑いつつも、嬉しさを隠せない真希乃。開発チームのメンバーと一緒に、ホワイトボードに向き合った。

すっかり遅くなってしまった。もうフロアにはほとんど人が残っていない。真希乃は帰りのバスの時刻を気にしながら、手早く荷物をまとめる。

と、ヘルプデスクルームにもまだ人影がある。誰かが残業しているようだ。

――あ、そうだ……。

真希乃はその足でリフレッシュコーナーにささっと立ち寄り、再びヘルプデスクルームの扉の前に戻る。

ピピピッ。カチャッ。

セキュリティドアが静かに開く。ここに立ち入ることができるのは、ヘルプデスクメンバーとヘルプデスクを管理する運用チームのメンバーだけだ。

「今日も遅くまでお疲れ様です」

真希乃はお茶のペットボトルを2本、袖机に置いた。1つは真希乃の分、そしてもう1つは……。

「別に、気を遣ってもらわなくていいですよ」

美香はちらりと横目で返す。顔は正面のモニターを見据えたまま。眉の上でキレイに揃った黒い前髪が、空調からそよぐ風にほのかになびく。

その視線の先には、クロスファンクションタスクチームの課題検討のスライドが表示されている。美香もタスクチームのメンバーの1人として、真剣に議論に参加している様子だ。それを見て真希乃は安心した。

「いつもありがとうございます。じゃあ、私は帰りますね」

真希乃は部屋を後にした。

去り際、真希乃はもう一度、ヘルプデスクルームをちらりと振り返る。そこにはお茶のペットボトルを手に取って眺めるヘルプデスクリーダーの横顔があった。ニッコリと、愛おしそうにペットボトルを見つめている。真希乃はそっと、フロアの扉を閉じた。

＊＊＊

次の朝。

開発チームの雄人が声をかけてきた。真希乃に相談があるという。最近、いろいろな人から、いろいろな相談を持ちかけられる。職場のコミュニケーションがオープンになってきた証拠だ。真希乃は喜んで、オープンエリアのソファに腰かけ、雄人と向き合う。

「次期認証基盤開発の進め方について、相良さんにお願いがあって……」

次期認証基盤開発。まさに、開発チームと相談したかったテーマだ。

渡りに舟。真希乃も思わず前のめりになる。

「運用とヘルプデスクから、人を出してもらえないですか？ 次期認証基盤の開発に、要件定義から参画してもらいたいんだ」

運用とヘルプデスクのメンバーが、要件定義から参加する？

真希乃は耳を疑った。いままでの開発チームの態度からしたら、その発言は考えられない。

眼を丸くする真希乃。あまりに意外で、気の利いた反応を返すことができない。雄人は説得を続ける。

クロスファンクションタスクチームの活動を通じて、開発チームのメンバーは痛感した。自分たちに、システムを使う人、運用する人、サポートする人の視点がいかに欠けているかを。そして、運用やヘルプデスクの視点の大切さと、仕事の価値を実感するようになったらしい。

「ずっと開発だけをやっていると、ユーザーの動きとか、運用やサポートのしやすさとかどうしてもわからなくて……」

ある意味、それは当然だ。誰だって、経験していない物事を想定するのは難しい。

「でも、それを無視していたら俺たち開発メンバーもセイチョウしないと思うんだ。情シスの社内プレゼンスもいつまでたっても上がらない」

だからこそ、多様な人たちの視点や観点を借りるのだ。ダイバーシティの価値は、コラボレーションの本質はそこにある。

「よりよいシステムをつくるために、これからは運用する人や、ユーザーの観点を要件や設計に織り込んでいきたいと思う。よろしくお願いします！」

雄人は自分の言葉に力を込めた。その瞳は誇りと敬意に満ちていた。

真希乃は雄人の説得に応じた。いや、自ら納得した。何より雄人の申し出が、とても嬉しかった。

「あの……ありがとう」

真希乃はようやくぎこちない言葉を声にした。

――運用の仕事に興味を持ってくれて、ありがとう。私たち、運用メンバーのことを気にかけてくれて、ありがとう。

世の中には、自分たちの仕事や技術を愛するがあまり、壁をつくる人がいる。自分たちのやり方だけを正当化し、相手を低く見る人。難解な言葉を並べ立て、自分たちだけで悦に入る人。部外者や初心者をバカにする人。

一方で、自分たちの仕事や存在を卑下し、殻に閉じこもってしまう人もいる。「俺たちの仕事なんて……」「どうせわかってもらえないし……」。こうして仕事そのものや、問題・課題の言語化をあきらめてしまう。

しかし、それは誰も幸せにしない。自分たちの仕事や技術のファンを遠ざける。ファンとは、理解者であり協力者である。あるいはその仕事の未来の担い手かもしれない。ファンを遠ざける行為は、その仕事や技術の価値を貶めるのだ。

「自分の仕事や技術に興味を持ってくれる人がいたら、まず伝えてほしいひと言があるの。それはなんだと思う？」

真希乃は葵の言葉を思い出していた。

「ありがとう」

そしていま、真希乃はその魔法のひと言を、目の前の開発チームリーダーにそっと伝えた。

おっと、この感動を独り占めするわけにはいかない。真希乃は自分の島に戻り、すぐさまチームメンバーを集める。

「えっ！ 開発に関われるんですか？」

運用チームのメンバー、そしてヘルプデスクの美香とさつきは大いに喜んだ。自分たちの取り組みを見てもらえた。自分たちの価値が認められた。この嬉しさを、メンバーも感じてくれたようだ。

「ちっ、面倒くせーな……」

涉は変わらず毒を吐く。しかしその口元は、ほんの一瞬だがニヤリとした。真希乃はその瞬間を見逃さなかった。

「真希乃さん、できればヘルプデスクから私とさつきの他にもう１人、要件定義に参加させたいです！ 最近新たに入ったヘルプデスクメンバーに１人、とてもやる気のある子がいて……育てたいんです」

美香が声を上げた。あんなに他責志向が強かったのに、いまではメンバーの育成やセイチョウをしっかりと考えるようになった。美香の小さな背中に、真希乃は頼もしさを感じた。

「いいよ。皆でやろう！」

チームがまた、もうひと回りのセイチョウに向けて前進し始めた。

解説

問題整理

壁や枠、セイチョウ阻害の要因は自分たちの中にある

クロスファンクションなチームで、オープンなスペースで働くようになってから、上司やユウタツからひっきりなしに相談が舞い込む真希乃。彼女の言葉や行動力が組織に刺激を与え、一目置かれる頼もしい存在に変化しました。チームにも様々な変化が訪れているようです。

さて、これまでに起こっていた**問題の負のループ**を整理しておきましょう。社内から評価され続けてきたユウタツと、評価はされないながら下支えをしてきた運用チームの渉や、ヘルプデスクの美香たち。それぞれの言動が悪循環を生んでいたようです。

社内からの評価が高い側は悦に入り、自分たちを正当化したり、相手を低く見たりしてしまい、「絶対にこうすべきだ」「こんなこともわからないのか」などの発言が垣間見えていました。逆に評価されていない側では自らを卑下し、提案や自己主張をあきらめて殻に閉じこもり、「俺たちの仕事なんて」「どうせわかってもらえないし」といったネガティブな発言が目立っていたようです。

これらの言動により、それぞれがそれぞれの立場で自分の前に壁をつくり、チームや役割の枠にとらわれすぎて、**対立関係**を生んでしまっていました。そんな状況では協力やコラボレーションが生まれるわけもなく、歩み寄ることや、お互いに提案するなんて気は起きないでしょう。

運用チームやヘルプデスクは、日々の業務に振り回されて、他のことを考える余裕もなかったという面もあるでしょう。目の前の作業をこなすだけで精一杯で、これ以上仕事を増やさないでくれという気持ちもありそうです。

こんな状況では、顧客のフィードバックを活かして、プロダクトの顧客価値を最大化する仕組みが好転することはなく、使い勝手は向上して

いきません。そんな仕事をしていては、自分たちがプライドを持って仕事をしていてもファンが増えていくはずもなく、仕事の価値も組織のプレゼンスも上がっていかないのです。そんな組織で働いていては、いずれパフォーマンスも鈍り、セイチョウのスピードも上がりません。顧客も働く人たち自身も幸せにならないという負のループが続いていたのでした。

それを、真希乃の「同じ景色を見たい」という思いから、**負の連鎖を断ち切って**いきました（ケンカ腰なところが玉にキズですが）。ここからは、実践のポイントを解説していきます。

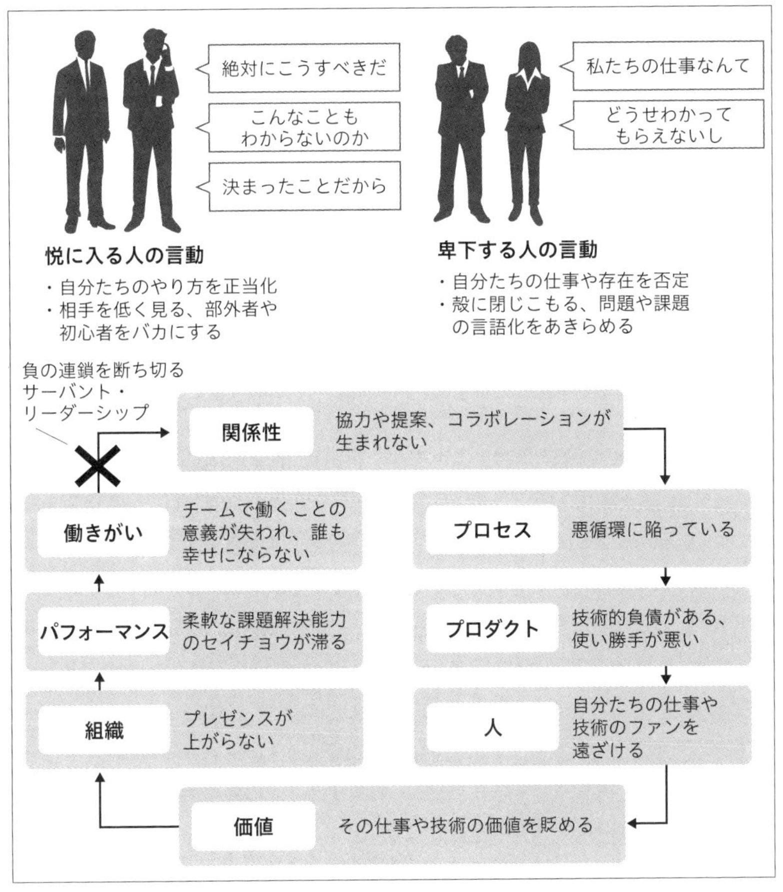

図 9-1　２種類の言動と負の連鎖

現場での実践ポイント

越境するチームの要：サーバント・リーダーシップ

サーバント・リーダーシップで実現できること

これまでと同じことをそのまま続けたのでは一向に変わらないので、まずは負の連鎖を断ち切る行動が必要です。そのためには、**自分個人の利益よりも相手やチームの利益**を心がけながら行動していく存在が不可欠なのです。そんな貢献・奉仕型のリーダーシップのことを**「サーバント・リーダーシップ」**といいます。

一般的にリーダーシップというと、ワンマンで、グイグイとメンバーを支配しながら引っ張っていく姿をイメージしますが、そうとは限りません。リーダーシップにはいくつかの種類があり、サーバント・リーダーシップとはメンバーの言葉を**傾聴し、共感し、勇気づけ**ながら、メンバーを支えてチームに貢献していくスタイルのことを指します。

損得勘定や利益だけではなく、「ありがとう」という言葉もリーダーシップにおいては有効です。メンバーが「やっていることが認められている」「感謝されている」「貢献している」と思えることで、また少しがんばれるものです。ほんの些細なことですが、**人間らしい側面に触れる**ことにより、人としてのよさが引き出され、モチベーションや生きがい、やる気などに影響し、結果的にチームの成果も変わってきます。一見ムダに思えること、遠回りに見えること、非論理的に感じられることでも、悪循環のサイクルを断ち切るきっかけになり得るということです。

真希乃が働いているのは、営利を目的にした企業です。しかし、コラボレーションで何かを生み出そうとするとき、**人の存在は無視できません**。合理的な意思決定だとしても、心ない発言や理不尽さを感じると、やる気が奪われ、対立を生む恐れがあります。こういったときに、自分のことなどお構いなしに矢面に立ってくれたり、チームをメンテナンスしてくれる存在が企業組織には必要なのです。

ただし、単なるなれ合いではいけません。いかに協力して成果を出せるかが前提になります。そのために、いまのチームメンバーを見回し、プロジェクトやプロダクトの状況に合わせて、**「チームファースト」**か**「プロダクトファースト」**かといった、優先順位を変える必要があります。フェーズごとにチームで取り組むべき優先順位の第1位を変え、そのことをきちんと宣言しながら、組織としてセイチョウしていくのがベターな策です。

では、サーバント・リーダーシップの考えにもとづいて悪循環のサイクルを断ち切る、「感謝のアクティビティ」の実施の仕方を見ていきましょう。

感謝のアクティビティで個人と周囲の壁を取り払う

物語の中では、以下のような「ありがとう」という言葉が出てきました。

「いつもありがとうございます。じゃあ、私は帰りますね」
「運用の仕事に興味を持ってくれて、ありがとう」
「運用メンバーのことを気にかけてくれて、ありがとう」

真希乃のように、無意識に心の赴くままに発言できる人もいますが、そうではない人もいるでしょう。きっかけがないと発言できない人や、仕組みがあった方がより発言しやすくなる人もいます。サーバント・リーダーとして、感謝を伝える場をつくってみましょう。それが**感謝のアクティビティ「称賛の壁・サンクスボード」**というプラクティスです。

さっそく実践方法を見ていきましょう。ホワイトボードや壁に1枚の模造紙を貼っておきます。題名は「称賛の壁・サンクスボード」です。月1回の定例ミーティングや、隔週でのふりかえり会などの冒頭に10分ほど時間を取ります。感謝の対象となる相手は、自部署・自チーム内のメンバーだけではなく、他部署・他チームであっても構いません。

ふせんに相手の名前と感謝の内容、自分の名前を記入します。感謝のアクティビティの時間内に、1人で何枚書いても構いません。半分くらいの時間が経過したタイミングや、全員がある程度書き終わったかなというタイミングで共有の時間にしましょう。ふせんの内容をボードに貼り出しながら内容を話すことで、どんな出来事かを思い出せますし、他のメンバーが共感してくれることにもつながります。

このように感謝する場は定期的に設けましょう。感謝は個人の主観だからこそ価値があります。リーダーや管理職だけでは気が付かないメンバーのよい行動に光が当たるからです。**多様な人たちの観点や視点を借りながら、チームを逆境から救っているヒーローやヒロインにスポットライトを当てるのです。**

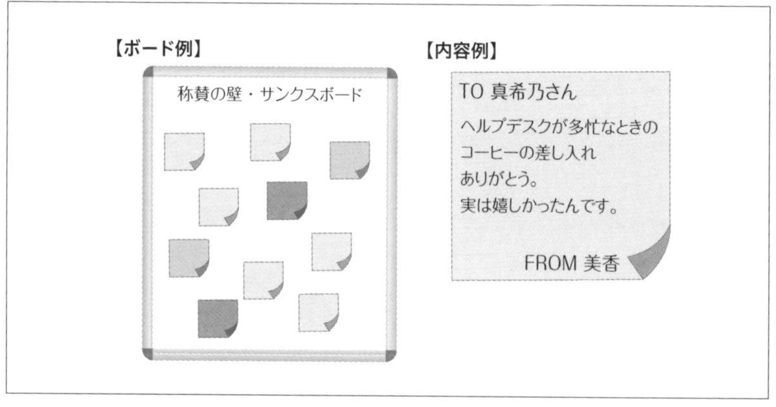

手順	内容
① 1人で考える時間	ふせん1枚に1つのことを書く
② 共有時間	ふせんをボードに貼りながら話して共有する

図9-2　称賛の壁・サンクスボードの例と手順

メリットや副次効果

会社で働いていると、個人、チーム、部署、組織、グループ会社と、様々な壁や枠組みが存在します。また物理的な壁だけではなく、地位や知識の壁が立ちはだかることもあるでしょう。個人や上司の思惑、チームの都合や組織の事情、人の異動や転職などもあり、円滑な業務やコミュニケーションを妨げる要因はあちこちにあります。

例えば、「私の仕事は○○です」「私のチームの業務分担は○○です」という組織の枠を意識するがあまり、「それは私の仕事ではない」「それは知らない」「それはあっちのせい」というスキマが生まれてしまうこともあります。また、顧客に対して価値を生み出すために働いているはずなのに、「それはそっちの部署の仕事でしょ」「これは私の役割ではない」など、業務の押し付け合いになってしまい、歯車が噛み合わないようなケースもあるでしょう。

逆に、勇気を出して火中の栗を拾うような行動をしたにもかかわらず、上司やチームの怒りに触れてしまい、「越権行為だ」と言われてしまうこともあるかもしれません。

このような場合には、多様な機能を持ったチームから集まったクロスファンクションなチームで、事を解決していくのが得策です。他のチームから来たメンバーから刺激を受けたり学びを得たりすることで、**複数のスキルを獲得・向上**できるため、**多能工（マルチスキル）になっていきます**。立場によってバラバラだったミッションや目標が明確になることで、１つの理想に向かってチームで共感し、コラボレーションしながらプロジェクトを邁進させていけるでしょう。

サーバント・リーダーシップと越境

ところで、サーバント・リーダーシップというきっかけづくりの役割が先か、クロスファンクションという組織の枠組みが先か、導入時に迷う人がいるかもしれません。実はこの取り組みは、両方を同時に実施していくことが肝心なのです。**「関係性」と「場」は相互依存している**からです。

サーバント・リーダーシップが橋渡し役となり、様々な役割を持ったメンバーが集まり、個人ではなくチームとしてパフォーマンスを発揮していくことが、複雑化していく世の中では重要になっています。積極的に貢献・奉仕の行動ができる人材は、第７章で紹介したチェンジ・エージェントのように、変化をもたらす存在へとやがてセイチョウしていくことでしょう。他人を慮り、自らの意思で行動できるということは、越境する力を秘めている類まれな存在なのです。

もし、天才的なカリスマ社長や、秀才エンジニアがいれば、個人の力でなんでもできるかもしれません。しかし、そんな人間が身近にいることは滅多にないでしょう。そうであれば、私たち自らできる策で対処していかなくてはいけません。

利用者にとって高い価値を提供していくために、当事者より当事者意識を高く持ち、相手に**踏み込んで、境界を越えて、一緒に考えて成果を出していく**ことが重要なのですが、その行動にはなかなか勇気がいるものです。

また、契約や計画が足かせとなって、取引先との間でプロジェクトが前進しないこともあるでしょう。アジャイルの価値では、**「契約交渉よりも顧客との協調を」**にあるように、会社という組織の枠すらも越えて、顧客と協調しながら価値を生み出していくことが大事であると説いています。

頻発する重要経営課題に対して行動できる**「越境するメンバー」**、そしてミッションをベースに様々な組織を巻き込みながら駆動していく**「越境するチーム」**がいくつもあることは、**会社としての競争優位性**につながります。やり手の経営者であれば、そんなメンバーをヘッドハンティングできないか、チームまるごと移籍してきてもらえないか、と思っているでしょう。

この業務によって全体でどんな価値を提供したいのか、顧客はどんなことを望んでいるのかを一緒に考え、自分の中にある殻を打ち破りながら、組織の境界に一歩も二歩も踏み込んで価値を提供していきましょう。

さらなる探求

多様性だけでもダメ

単一的なメンバーの集まりではなく、多様なメンバーが集まっているクロスファンクションなチームで様々な能力や価値を提供していくことが、コラボレーションの本質です。立場が異なれば、視座も視点も異なります。リーダーのひとりよがりの視点では、盲点が多くあるのです。**多様なメンバーの観点を借りる**ことで、開発だけのエゴではなく、ユーザーの操作性や運用の手間などを鑑みた、**より厚みのあるプロダクト**に仕上がっていくのです。

ライフスタイルの違いや価値観の違いを認め合いながら、お互いがプロフェッショナルとして能力を発揮し合い、**活躍できる文化や風土や状況を自分たちでつくり上げていくプロセス**が大切になります。

ただし、多様性が重要だからといって、何をしてもよいかというとそうではありません。プロダクトになんでもかんでも機能を詰め込んでいては、何を訴求したいのかがわからない製品に仕上がり、メンテンス性も悪く、技術的負債の塊のようなものができあがってしまいます。

多様性の中心には、**ビジョンや価値観といった、メンバーを惹きつける魅力や引力**が必要になってきます。そして日頃の言動においても、ビジョンや価値観にあった行動のみを是とします。メンバーそれぞれが得意分野を軸に多様な形で貢献し、お互いのスキルを補完し合い、その結果としてチームとして機能していくことが大切です。多様なメンバーの個人の幸せと、組織のミッションを重ね合わせ、一緒にセイチョウを目指していきましょう。

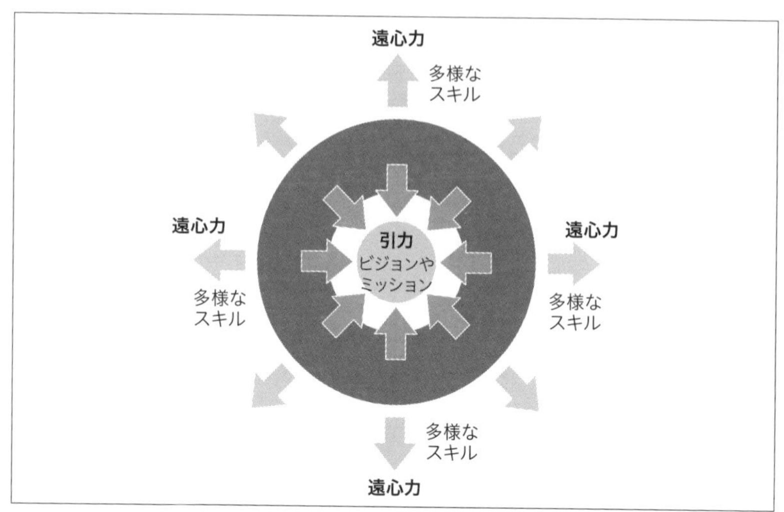

図 9-3　多様性の中心にはビジョンやミッションという引力が必要

C O L U M N

高い生産力のある ハイパープロダクティブなチームになる

きっと読者の皆さんも、会社の中で、高い生産性や高度な処理能力などを求められていることでしょう。エンジニアであっても事務作業であっても、種類は違えど似たようなハイパフォーマンスであることが評価対象になっていると思います。

アジャイルな組織の場合には、**ハイパープロダクティブなチーム**、つまり**高い生産力のチームづくり**を目指すことになります。ここでいう生産力とは、ものづくりの成果物やその量ではなく、顧客価値を表します。作り手だけの基準でなく、顧客が受け取る価値にフォーカスを当てています。

別の言い方をすると、「単位時間あたりの成果物の生産量」ではなく「成果物の中に占める顧客価値や質の割合」を高める必要があるということです。つまり、**量で生産性を決めるのではなく、顧客が受け取る価値を評価指標にものづくりをしていく**ことが重要なのです。

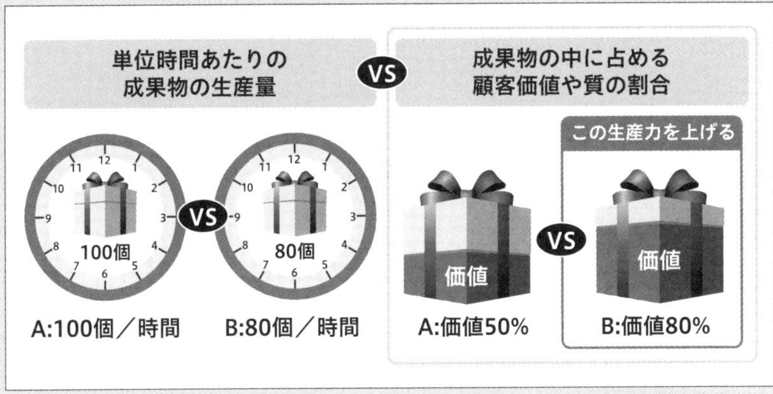

図 9-4 「生産力」とは

物語の中で、過去の開発チームはアウトプット（出力）を基準にしていました。その結果、リリースしたサービスで顧客が迷ったり、操作間違いをしてしまったりして、運用も含めたサポートの時間やコストが膨れ上がっていました。しかし開発チームはアウトプットが評価指標なのでお構いなしです。

クロスファンクションタスクチームになることで、アウトカム（成果）を重視する姿勢に変化できます。つまり、アウトカムという顧客が受け取る価値を高めようと、運用やサポートなどの現場のメンバーも含め議論を重ねていけるわけです。サービスを単にリリースすることが目的ではなく、最終利用者が操作に躊躇することなく使えて、さらに**利用者自身の業務もこれまでよりもラクに、簡単に、早くこなせることに価値を感じてもらうこと**が本当のゴールになるということです。

	出力・生産量（アウトプット）	成果・価値（アウトカム）
例 1	納期までにクールなアーキテクチャでサービスをリリース	利用者が捜査につまずき、自分の用事がこなせない。クレームの嵐で運用チームが火の車
例 2	細かい機能が足りなくて見た目もよくない	利用者が簡単に操作できて、利用者の既存の仕事をより効率的にこなせる

表 9-1　アウトプットとアウトカム

アウトプットを優先するのではなくアウトカムに基準を置くことが重要で、たとえ**アウトプットの量が減ったとしても、アウトカムが増えればよい**のです。

もちろん、アウトカムはビジネスや会社の背景により異なるでしょう。ユーザー数や利益の増加かもしれませんし、マーケットへの浸透率やクレームの少なさ、クリスマス商戦で競合他社よりも先にリリースすることかもしれません。それらの背景を認識したうえで、何が本当のゴールなのかをメンバーを含めた関係者が理解していることが大切になってきます。

そのためには、次の3つの軸を意識する必要があります。

①プロダクト
顧客の要望や市場の動向に合わせて対応し、ムダなものをつくり込みすぎない

②プロセス
ふりかえりでプロセスをカイゼンし、生産効率や業務効率を探求していく

③チーム
心理的安全性が保たれ、プロダクトやプロセスをカイゼンできるスキルと行動特性

図 9-5　ハイパープロダクティブなチームの 3 つの軸

チームのスキルを活用しながら、顧客や市場の反応を確認し、ムダ

なつくり込みをせず、プロセスもそのつど見直しながら、業務効率を上げることを目指します。プロダクト、プロセス、チームの3つの軸のどれか1つが欠けてもいけません。間違ったものをムダなく高速でつくれるだけでは意味がないのです。これら3つの軸が噛み合ってこそ、アウトカムを基準とした、生産力が高いチームとなっていけるのです。

そんなハイパープロダクティブなチームになるためには、企画チームや開発チーム、運用チームといった機能で分断された組織構造ではなく、**機能横断したチームになること**が重要な策になってきます。なぜなら今日、プロダクトやサービスを多様な顧客の要望に沿って市場に投入していくとき、何が正解かがわかっていることの方が稀だからです。そのような状況の中で、分断や分業がされていれば、事業活動の一部しか担うことができなくなります。そして、その一部の中でのアウトプットしか見られなくなり、価値や質ではなく量に目線がいってしまいます。顧客価値が見えなくなってしまうわけです。チームの全員が正しいと思う仕事に真摯に取り組んでいたとしても、です。

よって、まず着手すべきことは、**越境して、多様な人材と意思疎通を図れるチームを組み**、**最終顧客の現場に近づくこと**です。そして、何が利用者の価値なのか、アウトカムはなんなのか、どういう状態なら成功かを話し合いながらものづくりを進めていきます。そして、顧客までの価値を一気通貫で評価検証できるように、意思決定していくことが求められるのです。

第 10 章　さらなるセイチョウ

Keywords

- 組織のセイチョウ
- ふりかえりむきなおる
- タイムラインふりかえり
- Story of Story
- ナレッジマネジメント
- 社内勉強会
- 合宿
- 発信の文化
- TDD
- Specification By Example
- 8 つの P

HMBPへの業務移管は、想定よりもスムーズに進んでいる。

Backlogによる徹底したチケット管理、朝会・夕会を軸にした進捗管理や問題解決の仕組み、Slackを使ったコミュニケーションの仕掛けなど、業務プロセスを整備してきたからだ。先月から、仕事の属人化を解消すべく、各自が持っている業務のリスト化と手順書の作成にも着手し始めている。目先のトラブルの火消しにあたふたしていた、ひと昔前とは大違いだ。最近は、さらなるカイゼンに取り組む余裕と余白が生まれつつある。

HMBPに業務を移管してしまうと、自分たちの仕事がなくなってしまうのではないか。メンバーは誰しも（リーダーの真希乃も）その不安を抱えていたが、杞憂に終わった。チームの役割が変わってきたからだ。

従来のメンバーは、いままでの運用・ヘルプデスクの仕事に加え、要件定義、設計レビュー、リリース判定など、システム開発における主要なマイルストーンにも参画するようになった。その分、いわゆるオペレーション業務を減らさなければならない。それをHMBPに受けてもらうのだ。

開発チームは欲が出てきたのか、運用への要求は日に日に増えてきた。

「システムテストを、要件定義段階で行えるようにしたい」

雄人がこんな相談を持ちかけてきた。

システムテストは、いわゆるウォーターフォール型のシステム開発では、製造工程の完了後、リリースする前に実施される。しかし、そこで不備が発覚した場合の手戻りは大きい。軽微なプログラム修正で済めばよいが（さりとて他のプログラムやシステムとの依存関係などを考慮すると、軽微で済まない場合もある)、事と次第によっては要件定義からやり直さなければならなかったり、ネットワークやハードウェアの見直しとなると実質的に修正不可能なケースもある。にっちもさっちもいかず、「運用でなんとかしよう」すなわち「運用でカバー」となり、問題が先送りされる。過去のハマナのシステム開発プロジェクトでは、こんな歴史を繰り返している。

「テスト駆動開発(Test-Driven Development：TDD)という考え方がある。プログラムを開発して実装する前に、テストを行って不具合や足りない点を早めに洗い出して、つぶしていく方法なんだけれども」

ホワイトボードに開発プロセスを図示しながら、雄人は新しい開発手法を解説する。具体的には、要件定義の段階で机上のテストを行いたい。

「そこに、運用とヘルプデスクに関わってほしい」

雄人は語気を強めた。

いわく、開発者の観点だけのテストでは不十分。実際にシステムを利用するユーザーの視点、そのシステムを運用するエンジニアの視点を盛り込んだテストを考えて実施してもらいたいと。真希乃は、これはチャンスだと直感した。「運用でカバー」の名の下に流したメンバーの涙を、知恵に変えて上流に反映するための。未来の笑顔を生み出すための。

「俺たちも、新しい手法にチャレンジしてみたくてね。よろしく頼むよ」

ユウタッはさわやかな笑顔を向ける。ふたつ返事でYesと答えたかった。しかし、どうしても引っかかることがある。

「業務負荷が気になるわ……」

あれもこれもで忙しくなってきた、運用チームとヘルプデスクのメンバー。さらにシステムテストが加わるとなると、その負荷が気になる。

「テストを、テストパターンの作成と実施の2つの工程に分けたらどうだろう? テストパターンを考える仕事は相良さんのチームでやって、テストの実施はHMBPに任せてみては」

これは達也の提案。グッドアイデアだ。それなら、HMBPにお願いする仕事のボリュームも増え、真希乃としても情シスとしてもハッピーだ。

「ありがとう！ その前提で、業務設計してみる」

真希乃は心を弾ませ、次の仕事に意欲を燃やした。

こうして、運用とヘルプデスクメンバーが新しい経験をできるのはとてもありがたい。それだけではない、リーダーの真希乃自身の視野も広がっていく。

いままで、開発の手法や技術は、運用には関係ないと思っていた。しかし、それでは可能性は広がらないしコラボレーションも生まれない。運用チームだからと言って、運用だけに目を向けていてはセイチョウしないのだ。開発のことももっと知り、開発メンバーとも同じ言葉で会話できるようになりたい。

——テスト駆動開発か。私も勉強してみようかな……。

真希乃は、帰りに駅前の書店の技術書コーナーを見てみようと思った。

「さすが、ユウタツコンビ。あいつら、やっぱりイケメンよね！」

席に戻るや否や、真希乃は開発チームのトップツーを褒めちぎる。いままでそんなことがあっただろうか？

「あれ、真希乃さん。つい1カ月前まではまったく違うこと言ってませんでしたっけ？ イケメンだからって調子に乗るなとかなんとか……」

すかさず突っ込む俊平。しまった、あの独り言、俊平に聞かれていたのか……。真希乃はペロリと舌を出す。

相変わらず言葉は少ないものの、誰も気付かないところに転がったボールを拾って、きちんとフォローしてくれる。俊平もずいぶんと主体的に動くようになってきた。

部内の雰囲気が目に見えて明るくなってきた。運用の業務移管はもちろん、次期認証基盤開発も順調に進んでいる。真希乃のチームのメンバーも着実にセイチョウしている。

しかし、ここで甘んじていてはダメだ。このセイチョウの実感をきちんと組織として言語化し、さらなるセイチョウを目指すための仕組みにしたい。

真希乃は、次の取り組みを始めた。

〈①チケット棚卸し：四半期に1回実施〉

チケットの読み合わせをし、インシデントの傾向分析と対策の検討をするとともに、インシデント対応を通じて蓄積された経験や知見を組織のナレッジに昇華させる。

〈②チームふりかえり合宿：年1回実施〉

1年間の業務をふりかえって、KPTとSWOT分析を行う。その結果を、次年度のチームのビジョン、運営ポリシーや重点課題の設定、およびチーム編成に活かす。メンバーとの個人面談も実施し、各自のセイチョウと変化、および「やりたいこと」を言語化してもらい、業務分担やチーム編成に活かす。ダム湖畔の研修センターを借りて、カジュアルウェアで実施。日常を離れ、普段と違う環境で行うことで心をよりオープンにする狙いだ。

〈③苦労談・アンチパターンのストーリー化：随時〉

運用業務の苦労談や体験談、「これはやってはいけない」「これはやめてくれ」のような悪い見本（いわゆるアンチパターン）をスライド資料化するなど、ストーリーとして語れるようにしておく。マンスリー勉強会で発表できるよう言語化しておく。部内のナレッジマネジメントにもつながり、かつメンバーの発信力強化にも。

これらは真希乃のチームの取り組み。情シスの部内全体では、次のような新たな取り組みも始まった。

〈④ランチ勉強会・ランチ読書会〉

ランチ勉強会：お昼休みの時間帯を利用し、オープンエリアに有志が集まって新しい技術やマネジメント手法を勉強する。

ランチ読書会：テーマとなる書籍を決めて参加者が事前に読書。感想や学びを交換する。

〈⑤ナレッジライブラリー〉

リフレッシュコーナーに本棚を設置。部門の教育予算を使って技術書やビジネス書を購入し、閲覧・貸し出しも可能。

〈⑥マンスリー勉強会〉

月１回、オープンエリアで夕方４時から１時間の枠で開催。各チームの事例発表、新しいプロジェクトの紹介、苦労談やアンチパターンの紹介など、気付きやノウハウをプレゼンテーションして共有し合う。LT（ライトニングトーク）やビブリオバトルを実施する月も。

〈⑦社外勉強会やフォーラムへの参加〉

部門の教育予算を使って、１人最低年４回、社外で開催される勉強会やフォーラムに参加する。学びは、「マンスリー勉強会で発表する」「部内ポータルに寄稿する」「Slackで発信する」などなんらかの形で発信することとする。

「エンゲージメント向上」の名の下に、部門がこれらの活動に意欲的になったのだ。オフィスレイアウトをリニューアルした効果も大きい。数々のオープンな試みが可能になったからだ。真希乃は、職場環境に投資することが、コラボレーションをしやすいオープンな組織風土の醸成や、エンゲージメント向上にとっていかに重要であるかを実感した。

クロスファンクションタスクチームも着実に成果を出し始めていた。できるところから、カイゼン策や再発防止策を提案し実行に移していった。

その成果や変化は、マンスリー勉強会などを通じてメンバーに発表してもらう。これが功を奏した。瞬く間に、部課長の知るところとなる。

「なるほど。その問題には気付かなかった。設計段階で考慮すべき点だね」
「次の開発標準改訂に合わせて、ルールを変えよう」
「やっぱり開発と運用の体制分離は問題だ」
「開発と運用・ヘルプデスクの人材交流もあった方がよいのではないか？」
「アジャイルな仕事のやり方を取り入れていくべきでは？」

このような、前向きな議論が生まれつつある。

こうして、同じ情シス部内で、チームを越えた人と人、知識と知識のナレッジ交流も増えてきた。お互いにリスペクトが生まれるようになり、一体感も芽生えてくるようになった。社外の勉強会やフォーラムに参加することで、新しい情報を仕入れられるとともに、自分たちの取り組みの良し悪しも客観的に判断できるよう変わってきた。

社内の勉強会の発表やLTで自信をつけ、社外で発信したくなったメンバーも徐々に増えてきた。こうして、自ら越境するようになった。
「自分ではつまらないと思っていた気付きや苦労が、他の人に喜んでもらえるノウハウになるんだ！」

無力感が薄暗く漂う、運用チームとヘルプデスク。その姿はもう過去のものだった。皆、未来に向かって歩き出している。

過去に流した涙を、未来の笑顔に変えたい！

情シスに着任したとき、真希乃が走り書いたメモ。自分のデスクのモニターの下に貼って、いつも眺めている。その文字はすっかりにじんでしまっているけれど、真希乃とメンバーの思いは晴れやかだ。

真希乃とチームは、さらなるセイチョウに向けて自走し始めていた。

解説

問題整理

出現するセイチョウした先の景色

クロスファンクションタスクチームの活動が軌道に乗り、さらにグループ会社への業務移管の見通しも立った真希乃たち。様々な困難を乗り越えた末に、ようやく見えてきた希望の世界です。さらなるセイチョウを目指すために、これらのセイチョウの過程を放置せずに、きちんとふりかえりましょう。ここでは、本書全体をふりかえりながらポイントを整理し、さらに未来へ向けたセイチョウの仕方を探っていきます。

当初は、疲弊するメンバー、協力関係のない対立し合うチームという殺伐とした状況でした。社内のアンケートでダントツ最下位の社員満足度という結果から、社員のエンゲージメント向上が命題となっていました。

Backlogや朝会・夕会の導入から着手し、オープンなレイアウトとクロスファンクションタスクチームの結成を弾み車にし、数々のオープンな試みが可能となり、部門横断的な活動ができるように変化していきました。現場のメンバーが自らカイゼン策を実施し、現場がラクになっていくという成果が見え始めたことで、着実に自分たちに自信を持てるようになっていきました。これらは、トップダウンではなく、**現場の力**といってもよいでしょう。そして、コラボレーションやカイゼンの試みを社内に発表するまでにセイチョウしていきました。これらの取り組みが上層部にも認知され始めたことで活動がよりやりやすくなり、さらなるセイチョウが期待できます。

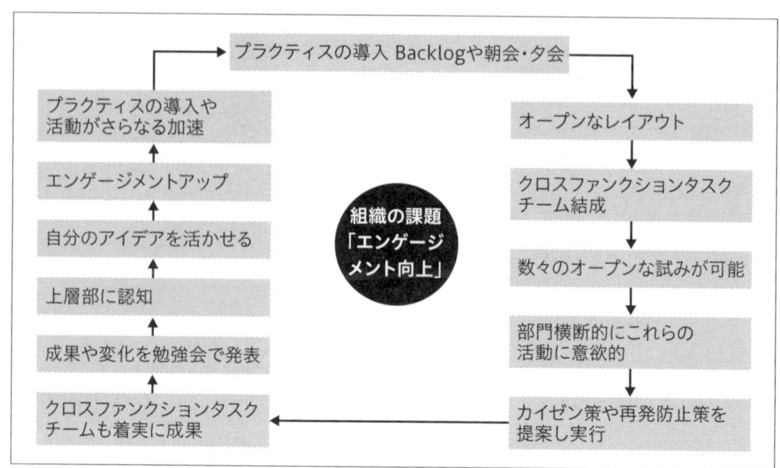

図 10-1　エンゲージメント向上のサイクル

エンゲージメント向上のサイクルを回していくためには、いくつかの条件が必要となってきます。何か 1 つを実施するだけだったり、上辺をなぞるだけではうまくいきません。これまでの章で解説してきたように、「人」、「場」、「ツール」、「プラクティス」、「仕掛け」、「マインドづくり」などを**複合的に実施**していくことで、相乗効果が生まれていくのです。

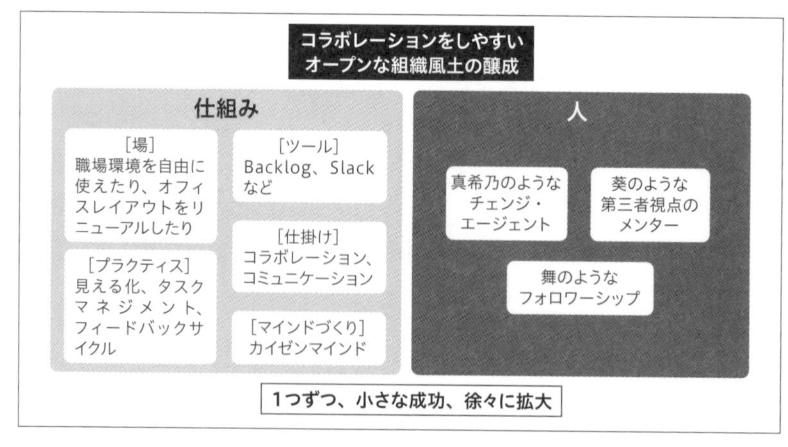

図 10-2　組織風土醸成に必要な条件

しかし、いきなりいっぺんに大改革しようとしても、現状維持の引力に負けてしまうでしょう。１つずつ始め、**小さな成功事例を実感**しながら、徐々に広げていくことが重要なのです。

さて、こういったセイチョウをさらに加速させ、組織に**「型」として定着**させるにはどうしたらよいのでしょうか？

真希乃たちが実施しようとしているさらなるセイチョウの仕掛けは、大きく３つに分類することができます。それは、**「ふりかえりむきなおる」**、**「ナレッジマネジメント」**、**「発信の文化」**です。

次の節では、これらの仕掛けを詳しく解説していきます。

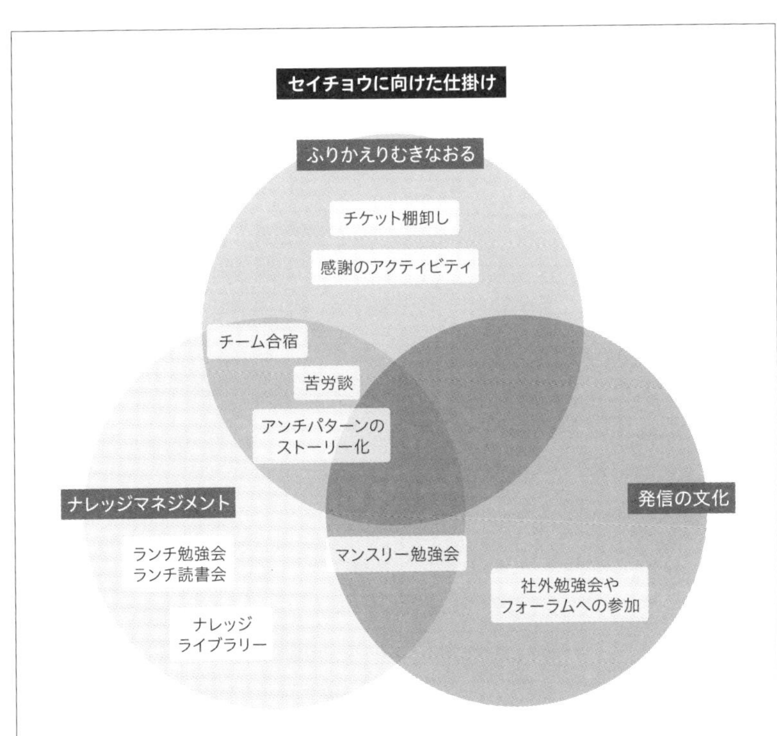

図 10-3　組織をセイチョウさせる仕掛け

現場での実践ポイント

組織をセイチョウさせる仕掛け

セイチョウの仕掛けで実現できること

さて、3つの組織のセイチョウの仕掛け、「ふりかえりむきなおる」、「ナレッジマネジメント」、「発信の文化」によってどんなことが実現できるのでしょうか。1つずつ簡潔に見ていきましょう。

これまでも短期間でふりかえることを説明してきましたが、「ふりかえりむきなおる」は何が異なるのでしょうか。短期間のふりかえりだけでは、近視眼的になりやすく、俯瞰した視点が欠けやすくなります。そこで、中長期での区切りをきっかけにふりかえりを実施し、**学びやセイチョウを次の活動に活かす**ことが大事になってきます。もちろん、単に計画通り進んでいるかを確認する場ではありません。その時点でわかったことや学んだことから、**さらなるセイチョウを目指すため**にあります。そして、これまで不安だったことを解消したり、ぼやけていたゴールの解像度を高くしたり、新たなゴールに向けて臨場感を増すための**むきなおる機会**でもあるのです。

また、これらの経験値を言語化することでナレッジという資産に変換していきます。新たな知識を組織で得るために、読書会などで他者の視点を借りた学びを得るのもよいでしょう。**実践と理論の両輪**で、過去の実践者たちの言葉や経験の力を借用するのです。自分たちが実践で苦悩したことよって、活字の言葉がより鮮明に心に刻み込まれたり、新たなセイチョウ作戦が浮かんだりすることもあるでしょう。そんな刺激が、学びの機会には埋もれているのです。実践したことはやりっぱなしにせず、**経験と知恵が組織の資産となるように仕組み化**することをおすすめします。

そして、それらの得られた知識から実践したことや、現場で試行錯誤しながらカイゼンしたことを勉強会などで発表したり、社外の勉強会やカンファレンス系イベントに登壇して、世の中にも広めていきましょう。現場のセイチョウやカイゼンのプラクティス、自走しているチームの事例を欲している人たちは、かつての真希乃のようにたくさんいるのです。

これらのセイチョウスパイラルは、一晩で成し遂げられるものではありません。これまで見てきたような、**セイチョウに向けた仕掛け**を1つずつ実施することによってのみ道が開けていきます。きちんと棚卸しして、その期間におけるビフォア・アフターという差分からセイチョウを実感でき、その実感によってさらなる**セイチョウした先の景色**がメンバーたちに見えてくるでしょう。

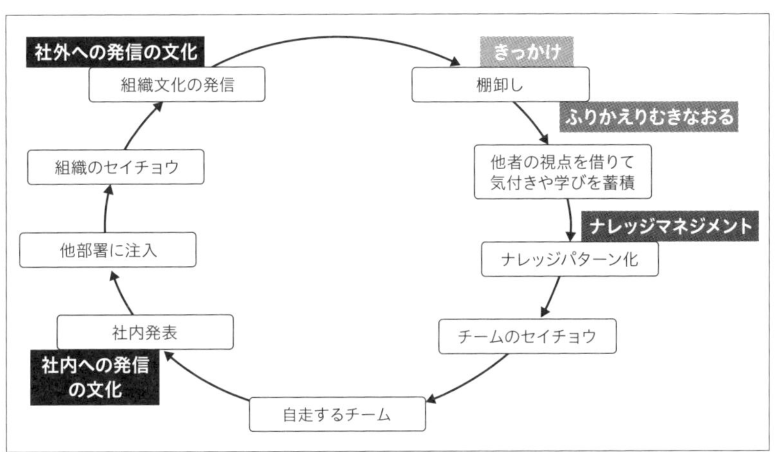

図 10-4　好循環のきっかけとセイチョウスパイラル

ふりかえりむきなおる

中長期で定期的にふりかえりとむきなおりを実施して、これまで実践したことをやりっぱなしにせずに、チームの力として蓄積していきます。形骸化していることを見つめ直し、棚卸しして、**新たな戦略を考える機会**にもなります。具体的には、**「タイムラインふりかえり」で過去をふ**

りかえり、「Story of Story」で未来にむきなおります。

タイムラインふりかえり

まず、「タイムラインふりかえり」では、忘れかけていることを思い出しながら、これまでに起こった出来事や、そのときの感情を時系列でふりかえります。

多様なメンバーがいることで、いろいろな関心事や喜怒哀楽が共有されるでしょう。また、数カ月の期間で見ることで、その**変化の大きさにも着目**できます。直近の事象だけの印象（直近効果）だけにとらわれて、間違った評価をしてしまうことを避けられます。

学んだことや気付きの棚卸しになるので、当時の自分やチームの状況との比較から、セイチョウの実感を与えてくれるでしょう。当時不安だったことや迷っていたことが、いまではいとも簡単にできるようになっていたり、難しそうだと思っていたツールが必需品になっていたりします。もちろん、違和感のあるものを洗い出したり、適合しなかったプラクティスをカイゼンしたりするきっかけにもなります。チームの学びと変化をしっかり自覚し、**セイチョウの実感を持つことは、メンバーのやる気アップ**にもなるでしょう。

タイムラインふりかえりのおもしろく特徴的な部分は、時系列に並べた出来事や関心事に対して、**感情グラフ**を各自が書くところです。この時期はポジティブな状態だった、この時期は失敗や衝突から悩んでいてネガティブな状態だったと、感情曲線を口頭で説明します。当時、メンバーがどういう状況であったかを改めて知る機会になります。

そして、ふりかえりによって出てくる変化の兆候を逃してはいけません。「後から見れば、あのときがターニングポイントだったかも」という変化の兆しを意識してマーキングし、それをトリガーにした方向転換やセイチョウをプロセスの中に埋め込むのです。

また、メンバー全員に対してお互いに感謝やフィードバックを返す機会にもできます。言語化しないと伝わらないものもあるので、きちんと感謝を伝えることで、お互いの存在や仕事ぶりを認め合える仲間になっていきましょう。

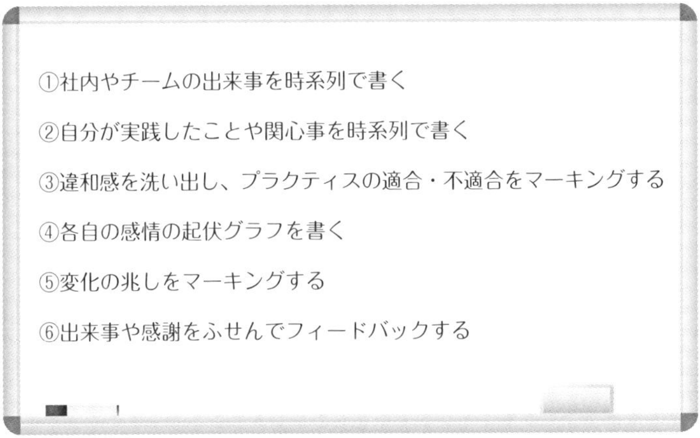

①社内やチームの出来事を時系列で書く
②自分が実践したことや関心事を時系列で書く
③違和感を洗い出し、プラクティスの適合・不適合をマーキングする
④各自の感情の起伏グラフを書く
⑤変化の兆しをマーキングする
⑥出来事や感謝をふせんでフィードバックする

図 10-5　タイムラインふりかえりの手順

4月
5月
6月
①社内部内の出来事
②③チームの出来事で
思ったこと
⑥感謝の
フィードバック
4月
5月
6月
④⑤感情の起伏
ポジティブ
真希乃
美香
舞
雄人
ネガティブ

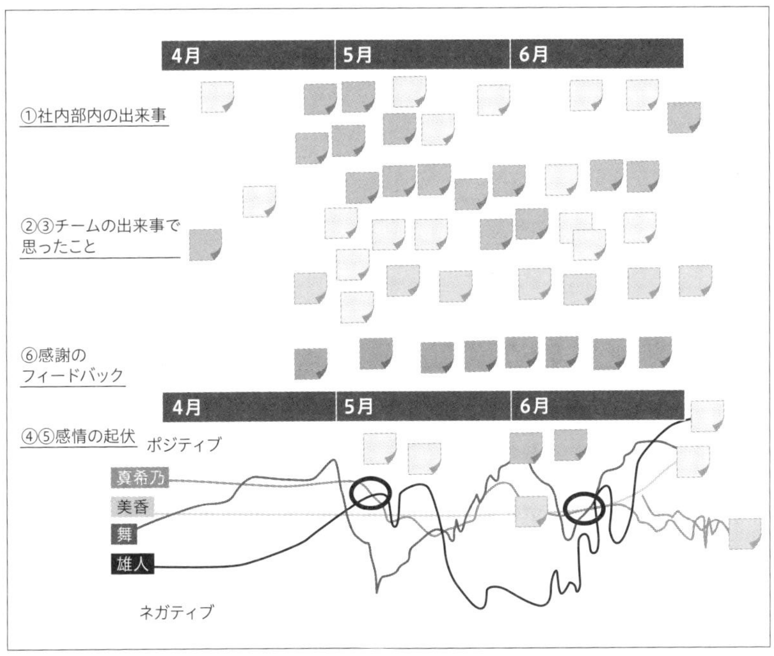

図 10-6　タイムラインふりかえりのイメージ

Story of Story

過去をふりかえったら、次は未来にむきなおる「Story of Story」の出番です。これは**現時点の情報をもとに軌道修正し、ゴールの解像度をアップさせるプラクティス**です。

まず、自分たちがどうありたいかを考え、**ありたい姿から逆算してチームを飛躍**させることを考えます。「こうあるべき」や「こうでなくてはいけない」というMustではなく、「ありたい」というWantを挙げていくことで、義務ではなく自分事として取り組むことが可能になります。

しかし実践してみると、現状に引き戻そうとする内外の圧力が働くことでしょう。よって、この時点において望ましい変化と、セイチョウを阻害している違和感という崖にもきちんと向き合っておきます。そして、それを意識して打開する「ムフフ」と顔がにやけてしまうような脱出策をこの時点で盛り込みましょう。次に未来に向けて加速度をつける仕組みを考えます。約束でなくても構いません。希望でもよいのです。Wantを強く打ち出すことによって、その方向に向けた活動が**1mmでも1cmでも動いていくことがセイチョウには必要**だからです。

最後は、こうしてできあがった未来予想図からマイルストーンと優先順位をバックログに反映させましょう。

与えられたゴールではなく、自分たちでゴールを描くことが大切です。なぜなら、与えられたゴールでは失敗も成功もどこか他人任せだったり、失敗したときの言い逃れとして周囲の責任にしてしまったりするからです。**自分事としてとらえることで、成功も失敗も得られる経験すべてが、自分をよりセイチョウさせます。**真希乃がその好例でしょう。葵からのアドバイスをもとに自分で考え抜き、責任を持って行動したからこそ、結果的に様々なメンバーから相談を持ちかけられるレベルまで信頼を勝ち取っていったのです。自分事を数値で測ることは難しいですが、信頼はその証なのです。

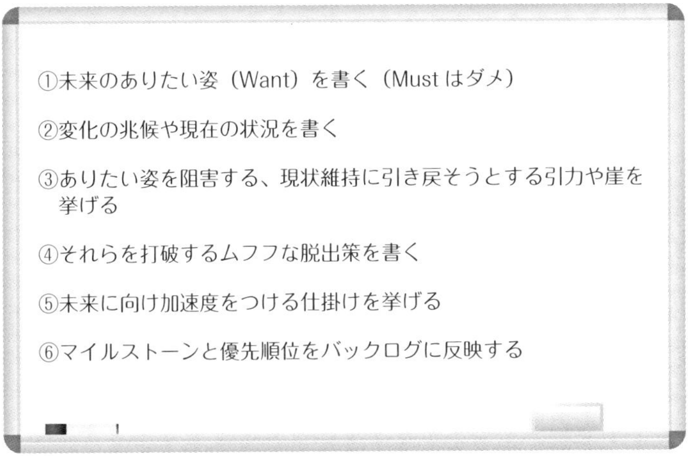

①未来のありたい姿（Want）を書く（Mustはダメ）
②変化の兆候や現在の状況を書く
③ありたい姿を阻害する、現状維持に引き戻そうとする引力や崖を挙げる
④それらを打破するムフフな脱出策を書く
⑤未来に向け加速度をつける仕掛けを挙げる
⑥マイルストーンと優先順位をバックログに反映する

図 10-7　未来にむきなおる Story of Story の手順

①[未来] 飛躍のためにありたい姿
⑤[加速装置] 加速度をつける仕掛けは？
③[崖] 引き戻す要因は
④[脱出] ギャップを脱出する策
②[現在] 望ましい変化の兆候

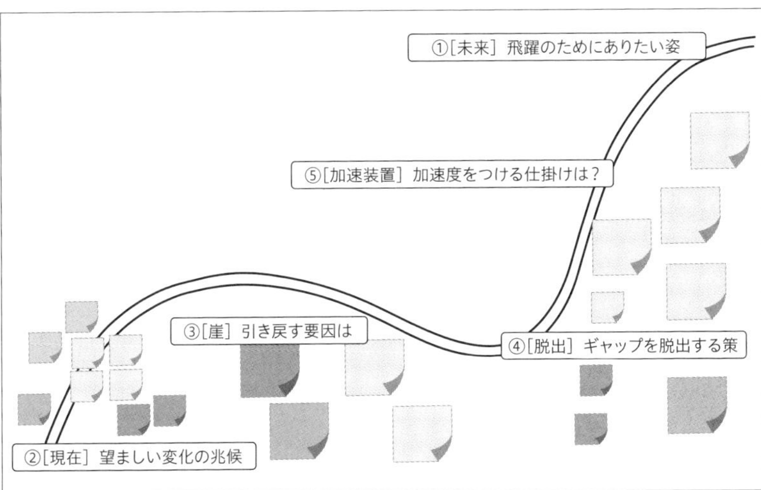

図 10-8　未来にむきなおる Story of Story のイメージ

ナレッジマネジメント

さて、次はナレッジマネジメントです。社内勉強会と合宿にフォーカスを当てて説明していきます。

社内勉強会

同じ失敗を繰り返すことや、車輪の再発明を避けるために、これまでのチームでの気付きや学び、そこから得られた知識や知恵を、組織の中に**知的資産として共有**しましょう。「背中を見て勝手に育て！」だけで育成するのは難しく、時間もかかりすぎます。

情報や知識を持ち運びしやすいように、**暗黙知から形式知に変える**ことを心がけましょう。得られた経験や失敗事例・成功事例を言語化し、プレゼンスライドや登壇動画として保存し、パターン化させていきます。すると他のチームや部署にも情報が伝搬されやすくなり、形式知として導入しやすくもなります。そういった下地ができあがると、技術的に一目置かれている人の興味関心、営業成績のよい人が活用している社内資料や情報源などを組織内に展開でき、組織の能力の底上げも狙えます。

会社の規則などで社内勉強会を勤務時間内に開催できないようであれば、ランチタイムや就労時間後に有志を募って実施してみるのもよいでしょう。1発の大きな打ち上げ花火のように、大規模に開催する必要はありません。**小規模でも継続することが重要**です。こういった取り組みでナレッジを社内に流通させ続けることに価値があるのです。

また、技術やスキル向上に興味のあるCIOやCTO、一目置かれている社内のテックリードなどに事前に根回ししておくことで、開催しやすくなることもあります。社内の人脈ネットワークを最大限活用しながら、運営や企画者自らがこのお祭りを楽しみましょう。

準備

- 開催テーマや目的の決定
- 開催日時や場所の決定
- 社内での根回し
- 登壇者の募集
- LT（ライトニングトーク）で技術や尖った取り組みを発表する人の募集
- 運営仲間を募る
- アジェンダの決定
- 当日の役割の決定（司会、機材係、会場設営係）

当日

- メインの事例（15 分枠）× 2 人
- LT（5 分枠）× 5 人

図 10-9　社内勉強会の実施概要例（1 時間の場合）

合宿

合宿の実施に関しても触れておきましょう。合宿は、文字通りメンバーでどこかに宿泊し、日常の勤務の中では先送りされてきた事案を検討します。他にも、重要だけどなおざりになっていたスキルアップや情報共有を図ったり、まとまった時間での集中した議論に当ててもよいでしょう。平日でも土日でも構いません。会社やメンバーの都合に合わせて開催します。

メンバーの誰しもが、集まっている機会や非日常の場を大事にしたいはずです。電話や Slack などの割り込みを遮断することで、極度に集中した時間にでき、作業効率もアップすることでしょう。

開催するにあたって意気込みが強すぎて、アジェンダをいろいろ詰め込みすぎたくなりますが、ちょっと観光に出かける余裕があるくらいのスケジュールにしておくことがポイントです。日常を離れてリラックスすることによって、対話や議論がかえって白熱します。また、脱線した議論もよしとしましょう。計画通りにアジェンダをこなすことより、充実した時間になるはずです。**「計画をこなすこと」よりも、その合宿の中でも「変化に対応していくこと」がアジャイル**なのです。ただし、最低限これだけは意思決定しなくてはいけないという項目を、1つくらい選んでおくのもコツです。

そして、夜には慰労を兼ねておいしい食事を用意しましょう。その食事の最中の会話は、日頃できないような話に発展させてしまいましょう。**人となりを知る場にすることでチームビルディング**にもつながるからです。

- 宿泊を伴うかどうか
- 電話、メール、Slack などの割り込み禁止ルール
- テーマを決める
- 合宿で決定したいたった1つのことを決める
- アジェンダは詰め込まずゆったりと
- おいしい食事
- 会社の会議室とは異なる非日常を演出

図 10-10　合宿で考慮すべきこと

発信の文化

社外に発信することで世界が広がる

これまで見てきた、「ふりかえりむきなおる」と「ナレッジマネジメント」という「セイチョウに向けた仕掛け」は、社内にとどめておくにはもったいなさすぎます。**社外にも越境し発信**していくことで、さらによいセイチョウにつながっていきます。

社外の勉強会などに参加してみると、同じような悩みを持っている人たちに出会うでしょう。彼ら／彼女たちと話すと、試行錯誤している状況や、試してみたプラクティス、失敗の事例などが話題に上ります。その中でコーチングや変革の仕方などの新たな知見を得たり、自分たちの組織に活用できそうなプラクティスを発見できるかもしれません。

また、自分たちの取り組みに価値があるのではないか、他の参加者に有益なのではないかと思い始めるでしょう。チームの枠を越えたコラボレーションやカイゼンの事例は、世の中にそうあるものではないからです。

自分たちの取り組みが世の中の役に立ちそうだと思えば、登壇することもやぶさかではないでしょう。真希乃が葵に声をかけたように、勇気を少しだけ出して、勉強会を運営しているメンバーに話を持ちかけてみてはどうでしょうか。参加者という立ち位置から、発表者という立ち位置に一歩を踏み出してみましょう。社内の発表でまとめたスライドを活用して、勉強会やイベントを通して世の中にも発信していくのです。

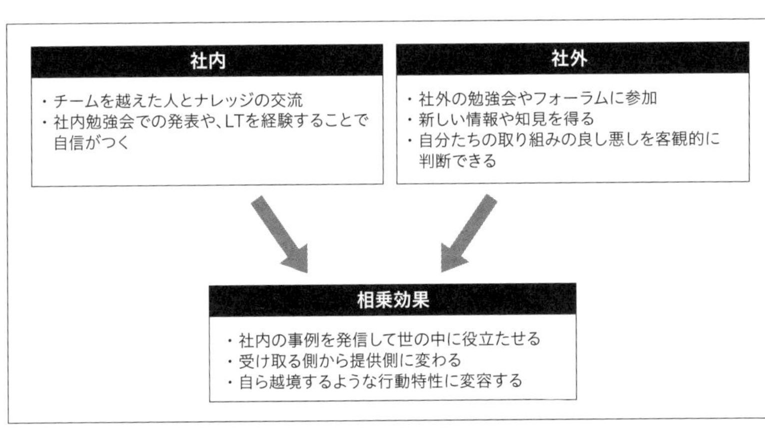

図 10-11　社内と社外の発信の交差点

社外の仲間がもたらしてくれるもの

社外の勉強会やイベントで知り合いや仲間ができると、お互いに情報交換したり切磋琢磨したりできます。組織の状況が似通っていたり、悩みが同じだったりすると、共感も生まれるでしょう。

また、登壇して情報発信している側のはずが、**逆に情報やノウハウが舞い込んでくる**ようになります。例えば相談事や、真似て成功した話、カスタマイズした際の発見の話、新たに挑戦した話などです。こういった情報交換する仲間が、お互いに刺激し合う存在になり、自分の組織をさらにセイチョウさせようとするエネルギーをいっそう高めてくれるのです。

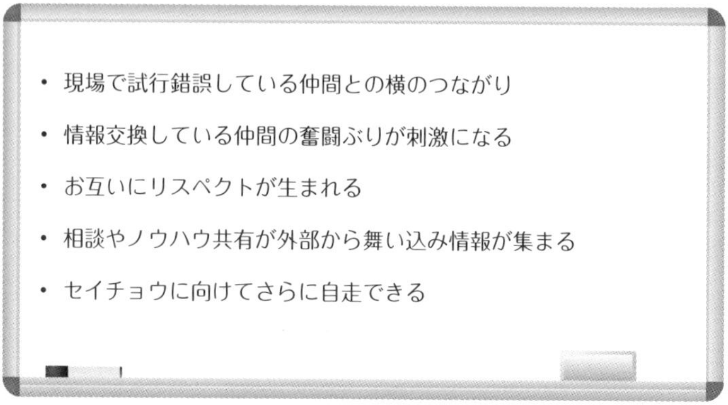

- 現場で試行錯誤している仲間との横のつながり
- 情報交換している仲間の奮闘ぶりが刺激になる
- お互いにリスペクトが生まれる
- 相談やノウハウ共有が外部から舞い込み情報が集まる
- セイチョウに向けてさらに自走できる

図 10-12　仲間の効果

発信の文化は、会社の戦略の一部にもなる

さらに、社外での発表は**人材採用の面でも優位**に働きます。発表内容は、聞いている参加者だけでなく、将来入社してくる新卒・中途採用者、協力会社や取引会社に向けた強いメッセージになります。なぜなら、美辞麗句で飾られた標語や上滑りのスローガンではなく、実際の現場で発生した泥まみれの試行錯誤の傷の１つ１つに**説得力を高める効果がある**からです。現場で起こっていることが**臨場感たっぷりに、文化を伝える物語**となってくれるわけです。

つまり、「発信の文化」によって、組織の文化を表す重要な指針というカルチャーコードがおのずと発せられていくのです。共感した仲間が自然と集まってきたり、クチコミなどから転職を考えている人たちに伝わったりもするでしょう。こういった活動が間接的につながっていき、会社組織のカルチャーにフィットしたハイスキルなエンジニアの採用に結び付いていくのです。発信の文化は人事部門の採用コストを陰ながら支えているわけです。

発信や発表は、マーケティング効果も生み出すでしょう。膨大な費用をかけていた広告宣伝費と同じ効果が期待できます。メディアに取り上げられたり、参加者のブログや SNS に投稿されたりすることによって、エンジニア界隈での会社の知名度が上がります。これらは、エンジニアリング組織としてのブランド向上になります。さらには、こういった会社と一緒に仕事をしたいと、初めから期待のすり合った案件が舞い込むかもしれません。信頼で結ばれている案件が多数存在することは、組織としての競争優位性にもなり、経営にとっても喜ばしいことです。

このように**発信の文化は、会社の戦略の一部**として考えていくべきことでもあるのです。

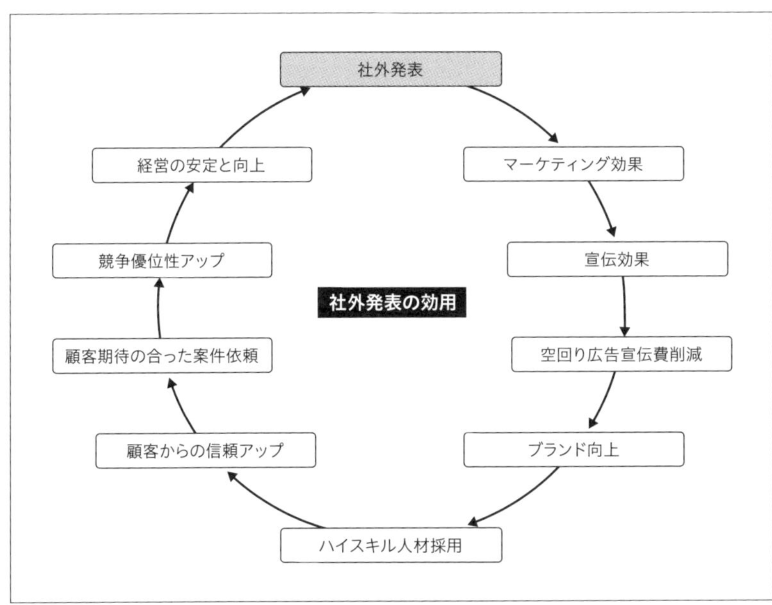

図 10-13　社外発信の効果

さらなる探求

セイチョウに向けて自走する自己組織化チーム

要件のフェーズから運用チームが参画することについても、重要なポイントがあるので解説しておきましょう。

物語の中で、テスト駆動開発のメリットが説明されていました。そのテスト駆動開発には、**「Specification By Example（例示による仕様）」**という方法論があります。これだけで全テスト、全検査がまかなえるということではありませんが、複数のテストを組み合わせるテスト戦略の１つとしてとても有効です。

Specification By Example（例示による仕様）

Specification By Example とは、プログラムコードやメソッドレベルのテストというよりも、アプリケーションの振る舞いの妥当性について、人間が使う言葉に近い形でテストを記述していく方法です。そのため、非エンジニアなどプログラミングの開発言語などを知らない人でも関与でき、品質や抜け漏れのないプロダクトづくりに貢献できるのです。

テストコード自体は、この手法の名前が表すように「例示やサンプル」を記載していき、その例示が動作の「仕様」となります。それが開発されるプロダクトの設計に役立つのです。

これらの例示は業務知識を抱えている運用部隊や、顧客との接点を持っているヘルプデスクなど、利用現場に近いところに蓄積されていることが多々あり、これらの業務知識を開発プロセスの中に落とし込んでいくことができるわけです。つまり、この方法を活用すれば、開発フェーズを横断した、**組織の枠を越えたコラボレーション型の開発スタイル**が可能となります。

Specification By Example に取り組むことで、アジャイルの価値にある**「包括的なドキュメントよりも動くソフトウェアを」**というアプローチに近づいていきます。なぜなら、紙の書類やドキュメントベースの仕様書という形ではなく、**「例示による仕様」という実際に動作する活きたテストコード**として、動くソフトウェアを補強しているからです。テストコードとして保持されれば、自動テストを実行させることもできて、人手をかけずに済みます。また、開発フェーズの中で実施可能なので、大規模なトラブルや主要機能の不具合の発覚を、品質テストフェーズや運用フェーズまで持ち越さずに済むわけです。

誤解してほしくないのですが、決してドキュメントの存在を否定しているわけではありません。ドキュメントはポータビリティがあり、一度に多くの人へと伝えやすい特性があります。良い悪いの２軸ではなく、効率的なコミュニケーション媒体として適宜使い分けていきましょう。

自分たちの意思でつくる

こういった方法論を活用していくことで、様々な特性や役割を持った人たちが集まっているのにもかかわらず、単一のスキルではなく複数のスキルを向上させていく**多能工の強靭なチーム**になっていけるのです。そして、**お互いの役割のグレーゾーンをお互いに埋めにいく「越境する行動特性」**により、誰が着手するかお見合いするようなことが減っていきます。率先して仕事を拾いにいくようなワンチームの組織になっていくわけです。

これは、上司や組織ミッションとして与えられたとしても、簡単になれるものではありません。**自分たちの意思でつくっていく**しかないのです。そのためには、真希乃やユウタツが口論から自責の念に駆られたように、お互いに人間は不完全であると受け入れ、地道に一歩一歩カイゼンしていくしかありません。ツールを導入すればできるものでも、プラクティスを１つやればうまくいくものでもありません。しかし、これまで見てきたようにヒントはたくさん存在します。メンバー同士、チーム同士で断絶に橋をかける仕掛けを１つずつ構築していけばよいのです。

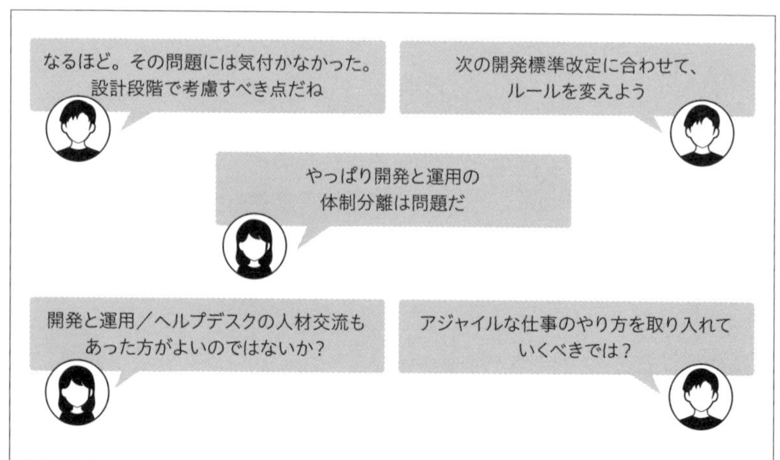

図 10-14　自走しているチームの証

8つのP

そのためには、**「8つのP」**を意識するとよいでしょう。チームの中のPeopleにフォーカスを当て、習慣やツールなどのPracticeを導入し、Placeという好転する場をつくり、朝会や開発のProcessに組み込み、Projectの全体を俯瞰しながら、Productをわが子のように育て、得られた知識や経験をPatternとして形式知に変え、そしてチーム全体のPerformanceを上げていくという試みです。

真希乃のようについきつい言葉を発してしまったり、失敗してしまったりすることはあるでしょう。定期的に棚卸ししたり、ふりかえったり、知識に変換したり、発信することで、過去との差分からセイチョウを実感できます。ピンチや失敗の記憶が苦いものではなく、セイチョウにつながる成功体験のための兆候だったんだと、**未来が記憶を変えてくれる**でしょう。真希乃のユウタツへのイケメン評価が褒め言葉に変わっていったように。

クロスファンクションで様々な役割を持った人たちが集まり、多能工で複数のスキルをセイチョウさせることで、屈指の競争優位性の高いチームになれるのです。

あきらめずに取り組むことで、真希乃たちのチームが同じ景色を見始めたように、そのチームにしか見えない、笑顔あふれる輝かしい風景が出現するでしょう。どの現場にもそのチャンスはあります。自分たちで律して自走し、自分たちで自己セイチョウを楽しんでいけば、誰からの監視も管理も必要としない**「自己組織化」されたチーム**に皆さんもきっとなれるでしょう。

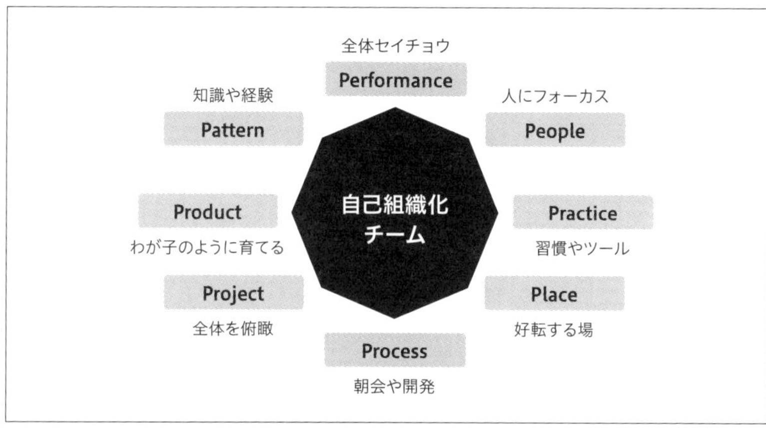

図 10-15　8つのP

エピローグ
ここはウォーターフォール市、アジャイル町

「葵さん。お元気ですか？　最近は勉強会にも顔を出せていなくてすみません」

正月休みが明けた最初の土曜日。長い休み明けの、どことなく気だるい昼下がり。真冬の澄みきった青空は、すっかり葉を落とした樹々の間から差すまばゆい光とともに道行く人をやわらかく包んでいた。ウッドデッキが心地よい、小さなカフェの窓側の席。ここに来るのもいったい何カ月ぶりだろうか。真希乃はお気に入りのソファに身を委ね、葵に近況報告のメッセージをしたためている。

あれからも運用チームは着々とセイチョウを続け、業務を安定化させつつ、HMBPへの業務移管も無事完了した。次期認証基盤の開発プロジェクトも至って順調。大きなトラブルもなくリリースできた。運用メンバー、ヘルプデスクメンバーがそれぞれの知見を活かし、よいシステムと業務を設計してきたおかげだ。彼ら、彼女たちが流した過去の涙は、皆の笑顔に変わったのだ。それを受け入れてくれた開発チームの度量と功績も大きい。組織全体が、ひと回りもふた回りも大きくなった。

そんなこんなで真希乃はドタバタしていて、ここ数カ月は葵への連絡はおろか、アジャイル勉強会にも顔を出せていない。いまようやく、こうしてカフェでコーヒーカップを傾けながら、葵への感謝に思いを巡らせられるようになった。

「『アジャイルな発想や取り組みは、ウォーターフォールの中でも十分に価値を発揮できる』。まさにその通りだって、いま私は自分ごととして実感しています」

アジャイルな発想や取り組みは、ウォーターフォールの中でも十分に価値を発揮できる。

初めて参加したアジャイル勉強会で、真希乃のココロをギュッとつかんだ葵のメッセージだ。真希乃のバイブル。もしあのとき、「ウチは、ウォーターフォール型の組織だから関係ない」と関心の蓋を閉じてしまっていたら、葵に声をかけなかったら、運用チームのセイチョウはなかった。相変わらず、無力感が漂う職場だったに違いない。葵の力強いメッセージに、真希乃は改めて感謝している。

ただ不思議なことに、真希乃は「アジャイルを取り入れている」感覚がまったくなかった。いまでもその実感はない。

真希乃はチームの課題にひたすら真摯に向き合い、葵のアドバイスを受けながらそれを解決していっただけだ。その手法が、たまたまアジャイル開発でよく用いられているものだった。それだけだ。しかし、それが結果としてよかったのかもしれない。ハマナのような古い組織では、新しいやり方に拒絶反応を起こす人も多い。もし、「アジャイルなやり方に変えましょう！」なんて大上段に構えていたら、間違いなく大きな抵抗を受けて、ハシゴを外されていただろう。

大切なのは、自分たちの問題や課題を言語化すること、周りの仲間たちと問題意識の景色を合わせること、そしてそれを仕組みや仕掛けで解決することなのだ。その解決方法は、ウォーターフォールの世界のやり方だろうが、アジャイルの世界のやり方だろうが、どちらでもいい。

"The value is appreciated by experience."
価値はエクスペリエンス（体験）が決めてくれる。

「私たちのチームは、たとえるなら『ウォーターフォール市、アジャイル町』ってところかもしれません」

ウォーターフォールな仕事のやり方が主流の組織において、わちゃわちゃと小さくアジャイルを実践しながらセイチョウしていく町と住人たち。真希乃はそんな景色を想像した。

「葵さんのおかげで、私もチームも大きくセイチョウすることができました」

葵には感謝し尽くせない。たとえ社外の人であっても、自分の悩みを聞いてアドバイスをくれる存在は本当にありがたい。むしろ、社外の人だからこそ、真希乃は先入観なく素直に心を開けたのかもしれない。そして、葵もしがらみを気にせずアドバイスをくれたのかもしれない。真希乃はそう思った。

社外の人の力を借りて物事を解決する、すなわち、社外とのコラボレーションも、これからの時代に欠かせないマネジメントだろう。ただし、外の人の力を借りっぱなしではダメだ。

「今度は、私が困っている他の誰かを助ける番ですね」

そうなれるよう、自分自身もチームとともにセイチョウし、そして発信をする必要がある。過去の涙を言葉に変えて、未来の人たちの困りごとを解決していきたい。真希乃はそっと心に決めた。

＊＊＊

その矢先。

世の中が一変した。

新種の病原性ウイルスが発生し、世界中で猛威を振るったのだ。

このウイルスはアジアの一都市で発生。当初はその都市で数名が感染した程度だった。徐々に感染が拡大してゆくものの、遠く離れた海の向こうの世界の出来事。日本に住む多くの人々は「対岸の火事」程度にしか思っていなかった。しかし、ほどなく私たちはその認識の甘さを思い知ることになる。感染者数は日に日に増加、100人が200人に。いつの間にか1,000人、ついには1万人規模へ。リレーは瞬く間に海を越え、1カ月後には世界中に数万人単位の感染者、そして死亡者を出すことになった。各国の首脳は対策を検討、ロックダウン（都市閉鎖）を決め込む国や都市も出始めた。日本政府も緊急事態宣言を発令するに至る。

「人との接触を減らせ」

「不要不急の外出を自粛せよ」

「テレワークなど、出社をさせない働き方を基本とせよ」

日本中が、かつて経験したことのない物々しい雰囲気に包まれた。私たちの生活は一変。いままでのワークスタイル、ライフスタイル、そして価値観の変更も余儀なくされた。経済への影響も深刻だ。長期休業する店や倒産する企業が相次いだ。

「原則出社禁止。テレワークに移行せよ」

ハマナでも、こんな社長指示が全社に下った。向こう1カ月は、自宅で仕事をすること。もちろん、情シスもその対象だ。

社員たちはあわてた。紙ベース、対面ベース、口頭ベース……古い仕事のやり方を続けていた部署がとっさに対応するのは難しい。端末やネットワークなど、テレワークをするための物理的な環境を整えるのが精一杯で、まともに業務を遂行できる状態にならない。テレワークの名の下、単なる自宅待機状態になってしまった部署もあった。

一方で、真希乃率いる運用チームは落ち着いてテレワークに移行できた。

Backlogを使って、チーム共通のインシデント管理、進捗管理ができている。Slackを使って、速やかな情報共有や、進捗確認、困りごとの相談や雑談ができている。HMBPとの協業体制になったいま、オンラインミーティングツールを使っての離れたメンバー（沖縄）との会議ももはや当たり前だ。朝会と夕会もオンラインで実施できる。唯一、ホワイトボードを使ったタスク管理がネックだが、これも当面は電子で代替することにした。舞が使いやすそうなオンラインツールを見繕ってくれていたため、話が早かった。

業務合宿などを通じて、チームのビジョンやポリシーを策定し、共有していたのも大きい。仕事の優先度や、目指す方向がブレない。判断に迷ったときの、拠りどころが明確だからだ。

これまでのカイゼン活動を経て、リモートで仕事を回せるやり方とカルチャーに変わっていた。実はすでに、真希乃のチームではひと足早くリモート化を実施していたのである。

「そもそも、毎日全員が出社する必要あるんすか？」

渉のそんなひと言がきっかけで、昨年度末、運用チームの新たなチャレンジとしてリモート化に取り組んでいたのだ。そのためのインフラ基盤を、渉は積極的につくってくれた。舞はペーパーレスにするためのツールを探して試してくれた。俊平は真希乃と一緒に、人事担当、総務担当、セキュリティ担当など管理部隊を駆け回り、テレワーク実施の許諾を取りつけた。掛塚は、もう何も文句を言わなかった。いまや、真希乃のチームは部内の味方をたくさん得ていたから。

「じゃあまた。1カ月後に会おう」

メンバーは、それぞれの場所にいったん散っていった。

＊＊＊

1年後。

あれだけ猛威を振るったウイルスはどこへやら。世の中は落ち着きを取り戻し、一時は静まり返った都市部も人の気配を取り戻した。ただし、私たちの価値観や行動様式は確実に変わっていた。働き方も然り。全員が毎日、同じフロアに集まって仕事をするやり方は、もう過去のものになりつつあった。

そんな中、全員が顔を合わせる機会は、かけがえのないひとときだった。

よく晴れた4月の土曜日の早朝。運用チームのメンバーは、都内の高層ビルの入り口で顔を合わせていた。その脇には「技術書典」と書かれたのぼりが、ビル風にはためいている。言わずと知れた、日本最大の技術書イベント。すでに開催は10回を超え、毎年出展希望者も参加希望者も増え続けている。ここしばらく、件のウイルスの影響で開催が見送られていたものの、出展者数を絞ってブースとブースの間を空けて「ソーシャルディスタンス」を確保、一般来場者も時間帯を指定して事前予約制にするなど、工夫を凝らしたうえで再開された。オンラインのイベントも同時開催されている。

それだけに、出展希望者の競争率もなかなかのものだったが、幸運の女神は真希乃たちに微笑んだ。真希乃と運用チームのメンバーは、「出展者」のストラップを首から下げ会場へと急ぐ。

「私たちの経験を、物語にしませんか？」

きっかけは、さつきのSlackでの無邪気なひと言だった。

『過去に流した涙を、未来の笑顔に変えたい！』

もはやチーム共通のスローガンになっていた。もともとは、真希乃の独り言にすぎなかったのだが。そして、この言葉に反応して、メンバーそれぞれが味わった苦労をノウハウに変えるようになった。トラブルの再発防止の仕組みを検討して提案したり、Backlogのチケットに書き残したり、アンチパターンとしてドキュメントにまとめたり、勉強会で発信したり。

さつきの提案も、そんな中から生まれてきた。

「やってみましょう！」
　舞も大いに乗り気だ。
「さつきのセイチョウのためなら、まあいいわ」
　美香はリーダーの顔を整える。
「そうおっしゃるのなら」
　相変わらず、受身がちな俊平。
「ちっ、めんどくせーな……」
　渉はぶつぶつつぶやいた。文章を読み書きするのが嫌いだとかなんとか。しかし、真希乃は知っている。渉が実は純文学好きだということを。そして、渉が書いたチケットや手順書はとてもわかりやすく読みやすい。
　もはや、新たなチャレンジを怖がるメンバーはいなかった。

　こうして足かけ1年、真希乃と仲間たちは過去に流した涙とセイチョウの足跡を綴った。その成果が、今日ようやく日の目を見る。
　広々とした技術書典の会場。その一角のぎこちなくつくられた小さなブースに、こんなタイトルの技術書が肩を並べた。

『ここはウォーターフォール市、アジャイル町』

おわりに

ウォーターフォール vs. アジャイル

この虚しい論争をそろそろ終わりにしたい。そう思って、この本の執筆に至りました。

民族性ゆえの気質でしょうか？ どうも私たち日本人は（日本人だけではない？）、0か1かでものごとを考え、白黒をつけたがる傾向が強い気がします。何かと対立構造に持っていきたがる。たとえば、この本を執筆している最中、新型コロナウイルスの蔓延により不要不急の外出自粛が政府より要請され、企業は一斉にテレワークに取り組みました。いま、テレワークに好意的な組織と、そうでない組織で真っ二つに意見が分かれている。さながら、宗教戦争のよう。建設的ではないですね。完全出社 or 完全テレワークの二項対立ではなく、「テレワークできる職種から取り組む」「週のうち2～3日はテレワークを取り入れる」「オフィスワークの意味を見直し、オフィスワークとテレワークを使い分ける」、このようなハイブリッドな働き方を議論して実現する姿勢こそが、これからの時代を前向きかつサスティナブル（持続可能）に生きるために必要ではないでしょうか。0か1かで相手を打ち負かす議論は、誰も幸せにしません。「0.3」「0.5」「0.7」の発想で、旧来の仕事のやり方と、新しい仕事のやり方の「いいところどり」をしながら、それぞれの組織や職種、あるいは個人単位で「勝ちパターン」を追求していきたいものです。

話を元に戻しましょう。

ことITの世界においても、0か1かの論争は目立ちます。オンプレミスかクラウドか？そして、ウォーターフォールかアジャイルか？ この議論を、私自身もITの現場で嫌というほど目にしてきました。

気が付けば、ウォーターフォール vs. アジャイルの対立構造になってしまっている。ウォーターフォールもアジャイルも、物事を解決するための手段でしかないのに、お互いがお互いの「べき論」を主張するあまり、相手を打ち負かすことが目的化してしまうのですね。

あるいは、愛や正義感が強すぎるのか？「キチンとしたアジャイルのやり方でないと一切認めない」「そんなのはアジャイルじゃない」「そんな中途半端なやり方で、ウォーターフォールを語ってほしくない」など、完璧主義や美学に走りすぎて相手を否定する。これまた誰も幸せにしません。禍根しか残らない。せっかくのよいフレームワークも、素晴らしい技術も台無しになってしまいます。ファンを遠ざけ、アンチを増やす。その結果、ウォーターフォール勢と、アジャイル勢がそれぞれの星でわちゃわちゃやっている状態が果てしなく続く。うまくないですね。

ウォーターフォールもアジャイルも、どちらも正しいし、どちらも等しく価値があります。

0か1かで一辺倒に傾くのではなく、あるいは完璧主義を押し付けるのではなく、「いいところどり」でそれぞれのいいところを柔軟に取り入れていけば、私たちはもっと幸せになれるでしょう。

私自身は、ウォーターフォールの畑で育ちました。しかしながら2009年から2011年にかけて、IT企業の運用現場でリーダーとしてチームを回していて、あるときウォーターフォール一辺倒の仕事のやり方に限界を感じたのですね（どこにどう限界を感じたかは、主人公の真希乃に託しましたので、本文を読み返していただければ)。増え続けるインシデント、常態化する長時間労働、疲弊するメンバー、険悪になるチーム間の関係……。もう正論や理屈をこねている場合ではない。新たなマネジメントスタイル、コミュニケーションのやり方、ツールなどを取り入れて、この状況を打開せねば。そう思って、試行錯誤していまに至ります。そのとき「藁をもすがるような思い」で試してみたのが、アジャイルの世界で用いられている発想やツールだったのです。ただし、当時はアジャイルの手法を取り入れているつもりはまったくありませんでした（アジャイルという言葉も「名前を聞いたことがあるレベル」でしたし）。生き延びるための術として、あらゆる手段を試してみた。あとで振り返ってみたら、その手段が「アジャイル」で用いられているものと知った。私とアジャイルの馴れ初めはそんなゆるい感じです。

この体験を通じ、私は確信を得ました。

「アジャイルは、ウォーターフォールの現場の困りごとを間違いなく解決する」

そして、私のようなコテコテのウォーターフォールの世界の住人にも、アジャイルを知ってほしい、試してほしいと強く願うようになります。

さりとて、なかなかハードルが高い。当時、書店の技術書コーナーを見渡しても、「美しすぎる」アジャイル書籍ばかり。アジャイルの方法論を事細かに解説し、完璧なる定着に導く書物は多数あるものの、エッセンスを「つまみ食い」「いいところどり」できるようなライトなものは見当たらない。それが、私のようなウォーターフォールの住人にとって、アジャイルをますます「どこか遠い星のおとぎ話」にしてしまう。

「だったら、自分が書こう！」

そう思い立ち、いまこうして皆様にこの本をお届けできています。

今回、新井さんとタッグを組めて本当にラッキーでした。

私自身、ウォーターフォールには知見があるものの、アジャイルの専門家ではない。よって、1人で書くのは心もとない。アジャイルのプロと一緒に書きたい。そう思っていた矢先、新井さんの共著『カイゼン・ジャーニー』に出会います。私は「これだ！」と思いました（正直「やられた！」とも思いました（苦笑））。カイゼンジャーニーは、万人にお勧めしたいアジャイル関連の良書ですが、やはりアジャイル前提の色が強い（あたりまえですね）。ウォーターフォールに寄り添った作品にすることができないか？ 新井さんと組めば、私の夢が実現できるのではないか。そして、新井さんにラブコールを送ったのが2019年の秋。今回のコラボレーションに至ります。このコラボレーションプロジェクトに共感し、強力に推進いただいた翔泳社の秦さんにも感謝し尽くせません。

この本のストーリーはフィクションであって、フィクションでありません。

沢渡あまねと新井剛さんが、ウォーターフォールとアジャイルそれぞれの現場で体験したこと7割、見聞きしたこと2割。すなわち、9割が現場のリアルです（あとの1割は理想かな）。

どうか、「ウチはウォーターフォールだから……」「当社は製造業だから……」「地方都市だから……」とあきらめず、ウォーターフォールの現場の人も、アジャイルの現場の人も、製造業の人も、サービス業の人も、大都市の人も、地方都市の人も、ココロの扉を開いて小さなチャレンジの一歩を踏み出していただけたらな。そう思って、筆をおきます。

2020年夏　小雨降りしきる太田川ダムのいつもの東屋にて

沢渡 あまね

味わい豊かなアジャイルになることを願って

アジャイル実践者からは、私の解釈が王道から外れるように映るかもしれません。しかし、読者の現場が少しでもラクになることや、アジャイルの裾野が広がったり興味を抱いてくれることを信じ、私はこの道を選びました。

とかく正解を求めてしまいがちですが、家庭ごとにお味噌汁やカレーライスの味があるように、それぞれが違っていてよいのです。もちろん、おいしいまずいという好みはあります。効率的な作り方やこだわりによって味わいも変わるでしょう。でも、たった1つの解を探すよりも、季節の食材や家族の状況によって、使い分けられるのが本当のスゴさだと思っています。

仕事でも、チームやプロジェクトの背景や制約があっても、自分たちで柔軟に変化できるのが強さでしょう。それはコーポレート部門やセールス部門などでも同じことです。働き方が変化していくからこそ、自分たちで仕組みをReDesignしていくチャンスなのです。アジャイルのプラクティスを組み合わせていけば、どんな状況でも自分たちでコントロールでき、アジリティー高く成果を出していけるでしょう。

この書籍がゲートとなってアジャイルの世界を探求していく第一歩になり、学びの旅は楽しいということ思い出してもらえたら嬉しいです。

最後に、沢渡さんから共著のお声がけがあったときは、光栄と同時にプレッシャーでもありました。しかし、勇気づけてくれる言葉の数々によって、気持ちよく言葉の世界に没頭できました。本当に感謝の言葉しかありません。そして、編集の秦さんの察し力と包容力に助けられました。前作とは違ったフォーメーションでも一緒に仕事ができてよかったです。そしてレッドジャーニー&ヴァルの仲間や家族の心遣いに感謝します。

2020年夏

新井 剛

参考文献・Webサイト

書籍

『Specification by Example: How Successful Teams Deliver the Right Software』
(Gojko Adzic 著/Manning Publications/2011年)

『アート・オブ・アジャイル デベロップメント ――組織を成功に導くエクストリームプログラミング』
(James Shore、Shane Warden 著/木下史彦、平鍋健児 監訳/笹井崇司 訳/オライリー・ジャパン/2009年)

『アジャイルサムライ ――達人開発者への道』
(Jonathan Rasmusson 著/西村直人、角谷信太郎 監訳/近藤修平、角掛拓未 訳/オーム社/2011年)

『アジャイルソフトウェア開発の奥義 第2版 オブジェクト指向開発の神髄と匠の技』
(バート・C・マーチン 著/瀬谷啓介 訳/SBクリエイティブ/2008年)

『アジャイルレトロスペクティブズ 強いチームを育てる「ふりかえり」の手引き』
(Esther Derby、Diana Larsen 著/角征典 訳/オーム社/2007年)

『いちばんやさしいアジャイル開発の教本 人気講師が教えるDXを支える開発手法』
(市谷聡啓、新井剛、小田中育生 著/インプレス/2020年)

『改善が生きる、明るく楽しい職場を築く TWI実践ワークブック』
(パトリック・グラウプ、ロバート・ロナ 著/成沢俊子 訳/日刊工業新聞社/2013年)

『カイゼン・ジャーニー たった1人からはじめて、「越境」するチームをつくるまで』
(市谷聡啓、新井剛 著/翔泳社/2018年)

『トヨタ生産方式にもとづく 「モノ」と「情報」の流れ図で現場の見方を変えよう』
(Mike Rother、John Shook 著/成沢俊子 訳/日刊工業新聞社/2001年)

『ふりかえり読本 実践編~型からはじめるふりかえりの守破離~』(森一樹 著/2019年)

『モブプログラミング・ベストプラクティス ソフトウェアの品質と生産性をチームで高める』
(マーク・パール 著/長尾高弘 訳/日経BP社/2019年)

Webサイト

「Agile and Business」(平鍋健児 著/Slide Share/2016年)
https://www.slideshare.net/hiranabe/agile-and-business/32

「History: The Agile Manifesto」(Jim Highsmith 著/Manifesto for Agile Software Development/2001年) https://agilemanifesto.org/history.html

「アジャイル宣言の背後にある原則」(Kent Beck、Mike Beedle、Arie van Bennekum、Alistair Cockburn、Ward Cunningham、Martin Fowler、James Grenning、Jim Highsmith、Andrew Hunt、Ron Jeffries、Jon Kern、Brian Marick、Robert C. Martin、Steve Mellor、Ken Schwaber、Jeff Sutherland、Dave Thomas 著/平鍋健児 訳/アジャイルソフトウェア開発宣言/2001年) https://agilemanifesto.org/iso/ja/principles.html

「アジャイルソフトウェア開発宣言」(Kent Beck、Mike Beedle、Arie van Bennekum、Alistair Cockburn、Ward Cunningham、Martin Fowler、James Grenning、Jim Highsmith、Andrew Hunt、Ron Jeffries、Jon Kern、Brian Marick、Robert C. Martin、Steve Mellor、Ken Schwaber、Jeff Sutherland、Dave Thomas 著/平鍋健児 訳/2001年) https://agilemanifesto.org/iso/ja/manifesto.html

「カイゼンの基本 ~組織・プロダクト・プロセスをどう改善するか~」(吉羽龍太郎 著/Ryuzee.com/2016年) https://slide.meguro.ryuzee.com/slides/78

「「効果的なチームとは何か」を知る」(Google/re:Work/)
https://rework.withgoogle.com/jp/guides/understanding-team-effectiveness/steps/introduction/

「人材戦略 MBO機軸の人事評価からYWT機軸の人事評価へ」(高原暢恭 著/日本能率協会コンサルティング/2008年) https://www.jmac.co.jp/mail/hrm/161mboywt.html

「ファン・ダン・ラーン(FDL)ふりかえりボード」(@yattom 著/Qiita/2018年)
https://qiita.com/yattom/items/90ac533d993d3a2d2d0f

index

本書内容に関するお問い合わせについて

このたびは翔泳社の書籍をお買い上げいただき、誠にありがとうございます。弊社では、読者の皆様からのお問い合わせに適切に対応させていただくため、以下のガイドラインへのご協力をお願い致しております。下記項目をお読みいただき、手順に従ってお問い合わせください。

●ご質問される前に

弊社Webサイトの「正誤表」をご参照ください。これまでに判明した正誤や追加情報を掲載しています。

正誤表　https://www.shoeisha.co.jp/book/errata/

●ご質問方法

弊社Webサイトの「刊行物Q&A」をご利用ください。

刊行物Q&A　https://www.shoeisha.co.jp/book/qa/

インターネットをご利用でない場合は、FAXまたは郵便にて、下記“翔泳社 愛読者サービスセンター”までお問い合わせください。
電話でのご質問は、お受けしておりません。

●回答について

回答は、ご質問いただいた手段によってご返事申し上げます。ご質問の内容によっては、回答に数日ないしはそれ以上の期間を要する場合があります。

●ご質問に際してのご注意

本書の対象を越えるもの、記述個所を特定されないもの、また読者固有の環境に起因するご質問等にはお答えできませんので、予めご了承ください。

●郵便物送付先およびFAX番号

送付先住所	〒160-0006　東京都新宿区舟町５
FAX番号	03-5362-3818
宛先	（株）翔泳社 愛読者サービスセンター

※本書に記載されたURL等は予告なく変更される場合があります。
※本書の出版にあたっては正確な記述につとめましたが、著者や出版社などのいずれも、本書の内容に対してなんらかの保証をするものではなく、内容やサンプルに基づくいかなる運用結果に関してもいっさいの責任を負いません。
※本書に掲載されている実行結果を記した画面イメージなどは、特定の設定に基づいた環境にて再現される一例です。

※本書の内容は2020年7月16日現在の情報などに基づいています。

著者紹介

沢渡 あまね（さわたり・あまね）
業務プロセス／オフィスコミュニケーション改善士
あまねキャリア工房 代表
NOKIOO 顧問
なないろのはな取締役
ワークフロー総研（エイトレッド）フェロー

日産自動車、NTT データなどを経て 2014 年秋より現業。経験職種は、IT と広報（情報システム部門／ネットワークソリューション事業部門／インターナルコミュニケーション）。働き方改革、マネジメント改革などの支援・講演・執筆・メディア出演をおこなう。

主な著書：『職場の科学』（文藝春秋）、『IT 人材が輝く職場／ダメになる職場』（日経 BP）、『職場の問題地図』『業務デザインの発想法』（技術評論社）、『はじめての kintone』『新人ガール ITIL 使って業務プロセス改善します！』『ドラクエに学ぶチームマネジメント』（シーアンドアール研究所）ほか多数。趣味はダムめぐり。

新井 剛（あらい・たけし）
株式会社レッドジャーニー 取締役 COO
株式会社ヴァル研究所 アジャイル・カイゼンアドバイザー

プログラマー、プロダクトマネージャー、プロジェクトマネージャー、アプリケーション開発、ミドルエンジン開発、エンジニアリング部門長など様々な現場を経て、全社組織のカイゼンやエバンジェリストとして活躍。現在は DX 支援、アジャイルコーチ、スクラム支援コーチ、カイゼンファシリテーター、研修・ワークショップ等で組織開発にも従事。

CSP（認定スクラムプロフェッショナル）、CSM（認定スクラムマスター）、CSPO（認定スクラムプロダクトオーナー）

著書：『カイゼン・ジャーニー』（翔泳社）、『いちばんやさしいアジャイル開発の教本』（インプレス）

装丁・本文デザイン　斉藤よしのぶ
DTP　BUCH+
本文イラスト　石野人衣

ここはウォーターフォール市、アジャイル町
ストーリーで学ぶアジャイルな組織のつくり方

2020 年 10 月 14 日　初版第 1 刷発行

著　者　沢渡 あまね、新井 剛
発行人　佐々木 幹夫
発行所　株式会社 翔泳社（https://www.shoeisha.co.jp）
印刷・製本　株式会社 ワコープラネット

本書へのお問い合わせについては、279 ページに記載の内容をお読みください。
落丁・乱丁はお取り替えいたします。03-5362-3705 までご連絡ください。

ISBN978-4-7981-6538-7　Printed in Japan